쌤과 맘이 만든

쌍둥이 연산노트

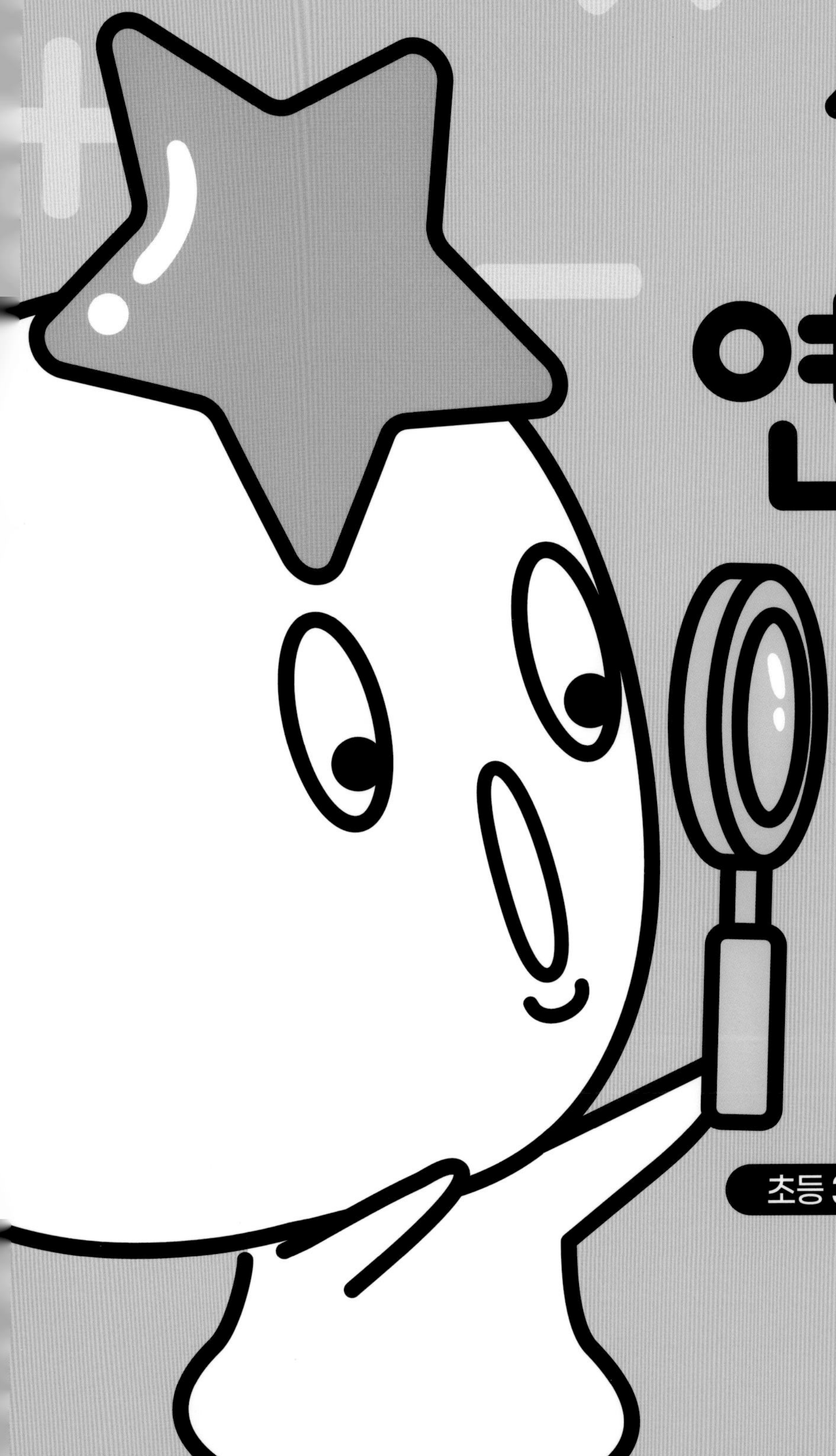

KB026139

초등 **3**단계 **2·1**

예습책

1일 2쪽
한 달 완성

이젠교육
EZEN EDUCATION

이젠수학연구소 지음

이젠수학연구소는 유아에서 초중고까지 학생들이 수학의 바른길을
찾아갈 수 있도록 수학 학습법을 연구하는 이젠교육의 수학 연구소
입니다. 수학 실력은 하루아침에 완성되지 않으며, 다양한 경험을
통해 발달합니다. 그길에 친구가 되고자 노력합니다.

예습은 적극적인 수업참여와
달라진 학습태도를 갖게해요!

쌤과 맘이 만든

쌍둥이 연산 노트 2-1 예습책 (초등 3단계)

지 은 이	이젠수학연구소	개발책임	최철훈
펴 낸 이	임요병	편 집	㈜성지이디피
펴 낸 곳	㈜이젠미디어	디 자 인	이순주, 최수연
출판등록	제 2020-000073호	제 작	이성기
주 소	서울시 영등포구 양평로 22길 21	마 케 팅	김남미
	코오롱디지털타워 404호	인스타그램	@ezeneducation
전 화	(02)324-1600	블 로 그	http://blog.naver.com/ezeneducation
팩 스	(031)941-9611		

@이젠교육
ISBN 979-11-90880-53-4

쌤과 맘이 만든

쌍둥이
연산노트

초등 3단계 2·1

예습책

한눈에 보기

1학년

1학기		2학기	
단원	**학습 내용**	**단원**	**학습 내용**
9까지의 수	·9까지의 수의 순서 알기 ·수를 세어 크기 비교하기	100까지의 수	·100까지의 수의 순서 알기 ·100까지 수의 크기 비교하기
덧셈	·9까지의 수 모으기 ·합이 9까지인 덧셈하기	덧셈(1)	·(몇십몇)+(몇십몇) ·합이 한 자리 수인 세 수의 덧셈
뺄셈	·9까지의 수 가르기 ·한 자리 수의 뺄셈하기	뺄셈(1)	·(몇십몇)−(몇십몇) ·계산 결과가 한 자리 수인 세 수의 뺄셈
50까지의 수	·십몇 알고 모으기와 가르기 ·50까지의 수의 순서 알기 ·50까지의 수의 크기 비교	덧셈(2)	·세 수의 덧셈 ·받아올림이 있는 (몇)+(몇)
		뺄셈(2)	·세 수의 뺄셈 ·받아내림이 있는 (십몇)−(몇)

2학년

1학기		2학기	
단원	**학습 내용**	**단원**	**학습 내용**
세 자리 수	·세 자리 수의 자릿값 알기 ·수의 크기 비교	네 자리 수	·네 자리 수 알기 ·두 수의 크기 비교
덧셈	·받아올림이 있는 (두 자리 수)+(두 자리 수) ·세 수의 덧셈	곱셈구구	·2~9단 곱셈구구 ·1의 단, 0과 어떤 수의 곱
뺄셈	·받아내림이 있는 (두 자리 수)−(두 자리 수) ·세 수의 뺄셈	길이 재기	·길이의 합 ·길이의 차
곱셈	·몇 배인지 알아보기 ·곱셈식으로 나타내기	시각과 시간	·시각 읽기 ·시각과 분 사이의 관계 ·하루, 1주일, 달력 알기

3학년

1학기		2학기	
단원	**학습 내용**	**단원**	**학습 내용**
덧셈	·받아올림이 있는 (세 자리 수)+(세 자리 수)	곱셈	·올림이 있는 (세 자리 수)×(한 자리 수) ·올림이 있는 (몇십몇)×(몇십몇)
뺄셈	·받아내림이 있는 (세 자리 수)−(세 자리 수)	나눗셈	·나머지가 있는 (몇십몇)÷(몇) ·나머지가 있는 (세 자리 수)÷(한 자리 수)
나눗셈	·곱셈과 나눗셈의 관계 ·나눗셈의 몫 구하기	분수	·진분수, 가분수, 대분수 ·대분수를 가분수로 나타내기 ·가분수를 대분수로 나타내기 ·분모가 같은 분수의 크기 비교
곱셈	·올림이 있는 (몇십몇)×(몇)		
길이와 시간의 덧셈과 뺄셈	·길이의 덧셈과 뺄셈 ·시간의 덧셈과 뺄셈		
분수와 소수	·분모가 같은 분수의 크기 비교 ·소수의 크기 비교	들이와 무게	·들이의 덧셈과 뺄셈 ·무게의 덧셈과 뺄셈

쌍둥이 연산 노트는 수학 교과서의 연산과 관련된 모든 영역의 문제를
학교 수업 차시에 맞게 구성하였습니다.

4학년

1학기		2학기	
단원	학습 내용	단원	학습 내용
큰 수	· 다섯 자리 수 · 천만, 천억, 천조 알기 · 수의 크기 비교	분수의 덧셈	· 분모가 같은 분수의 덧셈 · 진분수 부분의 합이 1보다 큰 대분수의 덧셈
각도	· 각도의 합과 차 · 삼각형의 세 각의 크기의 합 · 사각형의 네 각의 크기의 합	분수의 뺄셈	· 분모가 같은 분수의 뺄셈 · 받아내림이 있는 대분수의 뺄셈
곱셈	· (몇백)×(몇십) · (세 자리 수)×(두 자리 수)	소수의 덧셈	· (소수 두 자리 수)+(소수 두 자리 수) · 자릿수가 다른 소수의 덧셈
나눗셈	· (몇백몇십)÷(몇십) · (세 자리 수)÷(두 자리 수)	소수의 뺄셈	· (소수 두 자리 수)−(소수 두 자리 수) · 자릿수가 다른 소수의 뺄셈
		다각형	· 삼각형, 평행사변형, 마름모, 직사각형의 각도와 길이 구하기

5학년

1학기		2학기	
단원	학습 내용	단원	학습 내용
자연수의 혼합 계산	· 덧셈, 뺄셈, 곱셈, 나눗셈이 섞여 있는 식 계산하기	어림하기	· 올림, 버림, 반올림
약수와 배수	· 약수와 배수 · 최대공약수와 최소공배수	분수의 곱셈	· (분수)×(자연수) · (자연수)×(분수) · (분수)×(분수) · 세 분수의 곱셈
약분과 통분	· 약분과 통분 · 분수와 소수의 크기 비교		
분수의 덧셈과 뺄셈	· 받아올림이 있는 분수의 덧셈 · 받아내림이 있는 분수의 뺄셈	소수의 곱셈	· (소수)×(자연수) · (자연수)×(소수) · (소수)×(소수) · 곱의 소수점의 위치
다각형의 둘레와 넓이	· 정다각형의 둘레 · 사각형, 평행사변형, 삼각형, 마름모, 사다리꼴의 넓이	자료의 표현	· 평균 구하기

6학년

1학기		2학기	
단원	학습 내용	단원	학습 내용
분수의 나눗셈	· (자연수)÷(자연수) · (분수)÷(자연수)	분수의 나눗셈	· (진분수)÷(진분수) · (자연수)÷(분수) · (대분수)÷(대분수)
소수의 나눗셈	· (소수)÷(자연수) · (자연수)÷(자연수)	소수의 나눗셈	· (소수)÷(소수) · (자연수)÷(소수) · 몫을 반올림하여 나타내기
비와 비율	· 비와 비율 구하기 · 비율을 백분율, 백분율을 비율로 나타내기	비례식과 비례배분	· 간단한 자연수의 비로 나타내기 · 비례식과 비례배분
직육면체의 부피와 겉넓이	· 직육면체의 부피와 겉넓이 · 정육면체의 부피와 겉넓이	원주와 원의 넓이	· 원주, 지름, 반지름 구하기 · 원의 넓이 구하기

구성과 유의점

단원	학습 내용	지도 시 유의점	표준 시간
세 자리 수	01 백, 몇백 알아보기	· 10씩 몇 묶음인지 세어 보고, 10이 10개이면 100임을 이해하게 합니다. · 100씩 몇 묶음인지 세어 보고, 100이 몇 개이면 몇백인지를 이해하게 합니다.	8분
	02 세 자리 수 알아보기	100씩, 10씩, 1씩 몇 묶음인지 세어 보고, 세 자리 수는 100이 몇 개, 10이 몇 개, 1이 몇 개로 구성됨을 이해하게 합니다.	7분
	03 세 자리 수의 자릿값 알아보기	세 자리 수에서 백의 자리, 십의 자리, 일의 자리 숫자를 말하게 하고 각 자리의 숫자가 나타내는 값이 얼마인지를 이해하게 합니다.	8분
	04 뛰어 세기	1씩, 10씩, 100씩 뛰어 세기를 통해 세 자리 수의 계열을 이해하게 합니다.	8분
	05 수의 크기 비교(1)	· 세 자리 수의 크기를 비교하는 방법을 알게 합니다. · 비교한 결과를 >, <를 사용해 나타내게 합니다.	10분
	06 수의 크기 비교(2)		10분
덧셈	01 받아올림이 있는 (두 자리 수)+(한 자리 수)(1)	· 일의 자리에서 받아올림이 있는 (두 자리 수)+(한 자리 수)의 계산 원리를 이해하게 합니다. · 계산의 형식을 이해하고 익숙하게 계산하게 합니다.	13분
	02 받아올림이 있는 (두 자리 수)+(한 자리 수)(2)		13분
	03 받아올림이 있는 (두 자리 수)+(한 자리 수)(3)		13분
	04 일의 자리에서 받아올림이 있는 (두 자리 수)+(두 자리 수)(1)	· 일의 자리에서 받아올림이 있는 (두 자리 수)+(두 자리 수)의 계산 원리를 이해하게 합니다. · 계산의 형식을 이해하고 익숙하게 계산하게 합니다.	13분
	05 일의 자리에서 받아올림이 있는 (두 자리 수)+(두 자리 수)(2)		13분
	06 일의 자리에서 받아올림이 있는 (두 자리 수)+(두 자리 수)(3)		13분
	07 십의 자리에서 받아올림이 있는 (두 자리 수)+(두 자리 수)(1)	· 십의 자리에서 받아올림이 있는 (두 자리 수)+(두 자리 수)의 계산 원리를 이해하게 합니다. · 계산의 형식을 이해하고 익숙하게 계산하게 합니다.	13분
	08 십의 자리에서 받아올림이 있는 (두 자리 수)+(두 자리 수)(2)		13분
	09 십의 자리에서 받아올림이 있는 (두 자리 수)+(두 자리 수)(3)		13분
	10 받아올림이 두 번 있는 (두 자리 수)+(두 자리 수)(1)	· 일의 자리와 십의 자리에서 받아올림이 있는 (두 자리 수)+(두 자리 수)의 계산 원리를 이해하게 합니다. · 계산의 형식을 이해하고 익숙하게 계산하게 합니다.	13분
	11 받아올림이 두 번 있는 (두 자리 수)+(두 자리 수)(2)		13분
	12 받아올림이 두 번 있는 (두 자리 수)+(두 자리 수)(3)		13분
	13 여러 가지 방법으로 덧셈하기(1)	여러 가지 방법으로 덧셈을 하는 방법을 이해하게 합니다.	9분
	14 여러 가지 방법으로 덧셈하기(2)		9분
	15 여러 가지 방법으로 덧셈하기(3)		9분
	16 세 수의 덧셈	세 수의 계산 방법을 알고 덧셈을 할 수 있게 합니다.	9분

◆ 차시별 2쪽 구성으로 차시의 중요도별로 A~C단계로 2~6쪽까지 집중적으로 학습할 수 있습니다.
◆ 차시별 예습 2쪽+복습 2쪽 구성으로 시기별로 2번 반복할 수 있습니다.

단원	학습 내용	지도 시 유의점	표준 시간
뺄셈	01 받아내림이 있는 (두 자리 수)−(한 자리 수)(1)	· 받아내림이 있는 (두 자리 수)−(한 자리 수)의 계산 원리를 이해하게 합니다. · 계산의 형식을 이해하고 익숙하게 계산하게 합니다.	13분
	02 받아내림이 있는 (두 자리 수)−(한 자리 수)(2)		13분
	03 받아내림이 있는 (두 자리 수)−(한 자리 수)(3)		13분
	04 받아내림이 있는 (몇십)−(몇십몇)(1)	· 받아내림이 있는 (몇십)−(몇십몇)의 계산 원리를 이해하게 합니다. · 계산의 형식을 이해하고 익숙하게 계산하게 합니다.	13분
	05 받아내림이 있는 (몇십)−(몇십몇)(2)		13분
	06 받아내림이 있는 (몇십)−(몇십몇)(3)		13분
	07 받아내림이 있는 (두 자리 수)−(두 자리 수)(1)	· 받아내림이 있는 (두 자리 수)−(두 자리 수)의 계산 원리를 이해하게 합니다. · 계산의 형식을 이해하고 익숙하게 계산하게 합니다.	13분
	08 받아내림이 있는 (두 자리 수)−(두 자리 수)(2)		13분
	09 받아내림이 있는 (두 자리 수)−(두 자리 수)(3)		13분
	10 여러 가지 방법으로 뺄셈하기(1)	여러 가지 방법으로 뺄셈을 하는 방법을 이해하게 합니다.	9분
	11 여러 가지 방법으로 뺄셈하기(2)		9분
	12 여러 가지 방법으로 뺄셈하기(3)		9분
	13 덧셈과 뺄셈의 관계(1)	덧셈식을 보고 뺄셈식으로 나타내거나 뺄셈식을 보고 덧셈식으로 나타내게 합니다.	9분
	14 덧셈과 뺄셈의 관계(2)		9분
	15 뺄셈식에서 □의 값 구하기	어떤 수를 □로 나타내어 □의 값을 구하게 합니다.	9분
	16 세 수의 뺄셈	세 수의 계산 방법을 알고 뺄셈을 할 수 있게 합니다.	9분
	17 세 수의 덧셈과 뺄셈	세 수의 계산 방법을 알고 계산하게 합니다.	9분
곱셈	01 몇 배인지 알아보기	몇 씩 몇 묶음을 몇의 몇 배로 나타냄으로써 배의 개념을 알 수 있게 합니다.	11분
	02 곱셈식으로 나타내기(1)	· 몇의 몇 배를 곱셈식으로 나타내게 합니다. · 곱셈식을 쓰고 읽을 수 있도록 합니다.	11분
	03 곱셈식으로 나타내기(2)		9분

01 백, 몇백 알아보기

● 몇백 알아보기

수	100이 2개	100이 3개	100이 4개	100이 5개	100이 6개	100이 7개	100이 8개	100이 9개
쓰기	200	300	400	500	600	700	800	900
읽기	이백	삼백	사백	오백	육백	칠백	팔백	구백

> **원리 비법** **100이 몇 개**인지에 따라 수가 달라져!

💡 빈칸에 알맞은 수나 말을 써넣으세요.

1

수	100이 8개
쓰기	
읽기	

5

수	100이 4개
쓰기	
읽기	

2

수	100이 3개
쓰기	
읽기	

6

수	100이 6개
쓰기	
읽기	

3

수	100이 7개
쓰기	
읽기	

7

수	100이 2개
쓰기	
읽기	

4

수	100이 5개
쓰기	
읽기	

8

수	100이 9개
쓰기	
읽기	

⟳ 정답 92쪽

💡 ☐ 안에 알맞은 수를 써넣으세요.

❾ 100이 6개이면 ☐ 입니다.

❿ 100이 7개이면 ☐ 입니다.

⓫ 100이 9개이면 ☐ 입니다.

⓬ 100이 1개이면 ☐ 입니다.

⓭ 100이 5개이면 ☐ 입니다.

⓮ 100이 2개이면 ☐ 입니다.

⓯ 100이 3개이면 ☐ 입니다.

⓰ 100이 2개이면 ☐ 입니다.

⓱ 100이 3개이면 ☐ 입니다.

⓲ 100이 8개이면 ☐ 입니다.

⓳ 100이 4개이면 ☐ 입니다.

⓴ 100이 6개이면 ☐ 입니다.

㉑ 100이 1개이면 ☐ 입니다.

㉒ 100이 5개이면 ☐ 입니다.

02 세 자리 수 알아보기

○ **205 알아보기**

100이 2개
10이 0개 ─ 인 수는 205입니다.
1이 5개

➡ 100이 2개, 10이 0개, 1이 5개이면 205이고, 이백오라고 읽습니다.

원리 비법 숫자가 0인 자리는 **읽지 않아!**

 ☐ 안에 알맞은 수나 말을 써넣으세요.

① 100이 2개, 10이 2개, 1이 7개이면 ☐ 이고, ☐ 이라고 읽습니다.

② 100이 4개, 10이 4개, 1이 8개이면 ☐ 이고, ☐ 이라고 읽습니다.

③ 100이 9개, 10이 0개, 1이 2개이면 ☐ 이고, ☐ 라고 읽습니다.

④ 100이 5개, 10이 7개, 1이 6개이면 ☐ 이고, ☐ 이라고 읽습니다.

⑤ 100이 7개, 10이 3개, 1이 0개이면 ☐ 이고, ☐ 이라고 읽습니다.

⤵ 정답 92쪽

◈ ☐ 안에 알맞은 수를 써넣으세요.

6 100이 5개 ⎤
　　 10이 0개 ⎬ 인 수는 ☐
　　 　1이 8개 ⎦

7 100이 1개 ⎤
　　 10이 4개 ⎬ 인 수는 ☐
　　 　1이 8개 ⎦

8 100이 8개 ⎤
　　 10이 8개 ⎬ 인 수는 ☐
　　 　1이 0개 ⎦

9 100이 3개 ⎤
　　 10이 3개 ⎬ 인 수는 ☐
　　 　1이 7개 ⎦

10 100이 3개 ⎤
　　 10이 8개 ⎬ 인 수는 ☐
　　 　1이 5개 ⎦

11 925는 ⎡ 100이 ☐ 개
　　　　 ⎢ 10이 ☐ 개
　　　　 ⎣ 　1이 ☐ 개

12 273은 ⎡ 100이 ☐ 개
　　　　 ⎢ 10이 ☐ 개
　　　　 ⎣ 　1이 ☐ 개

13 309는 ⎡ 100이 ☐ 개
　　　　 ⎢ 10이 ☐ 개
　　　　 ⎣ 　1이 ☐ 개

14 712는 ⎡ 100이 ☐ 개
　　　　 ⎢ 10이 ☐ 개
　　　　 ⎣ 　1이 ☐ 개

15 130은 ⎡ 100이 ☐ 개
　　　　 ⎢ 10이 ☐ 개
　　　　 ⎣ 　1이 ☐ 개

03 세 자리 수의 자릿값 알아보기

○ 615의 자릿값 알아보기

백의 자리	십의 자리	일의 자리
6	1	5

백의 자리	십의 자리	일의 자리
6	0	0
	1	0
		5

6은 백의 자리 숫자이고, 600을 나타냅니다.

1은 십의 자리 숫자이고, 10을 나타냅니다.

5는 일의 자리 숫자이고, 5를 나타냅니다.

➡ $615 = 600 + 10 + 5$

 숫자의 **위치**에 따라 나타내는 값이 달라!

💡 빈칸에 알맞은 수를 써넣으세요.

1

486

백의 자리	십의 자리	일의 자리

$486 = \boxed{} + \boxed{} + \boxed{}$

4

396

백의 자리	십의 자리	일의 자리

$396 = \boxed{} + \boxed{} + \boxed{}$

2

115

백의 자리	십의 자리	일의 자리

$115 = \boxed{} + \boxed{} + \boxed{}$

5

707

백의 자리	십의 자리	일의 자리

$707 = \boxed{} + \boxed{} + \boxed{}$

3

554

백의 자리	십의 자리	일의 자리

$554 = \boxed{} + \boxed{} + \boxed{}$

6

666

백의 자리	십의 자리	일의 자리

$666 = \boxed{} + \boxed{} + \boxed{}$

공부한 날짜	맞힌 개수	걸린 시간
월 일	/20	분

💡 ☐ 안에 알맞은 수를 써넣으세요.

❼ $400 + 50 + 3 =$ ☐

❽ $200 + 90 + 5 =$ ☐

❾ $300 + 50 + 2 =$ ☐

❿ $700 + 20 + 3 =$ ☐

⓫ $800 + 30 + 5 =$ ☐

⓬ $400 + 30 + 1 =$ ☐

⓭ $900 + 10 + 4 =$ ☐

⓮ $700 + 50 + 6 =$ ☐

⓯ $800 + 90 + 2 =$ ☐

⓰ $200 + 50 + 1 =$ ☐

⓱ $100 + 80 + 3 =$ ☐

⓲ $900 + 60 + 9 =$ ☐

⓳ $600 + 60 + 1 =$ ☐

⓴ $600 + 40 + 4 =$ ☐

04 뛰어 세기

100씩 뛰어 세기

| 120 | 220 | 320 | 420 | 520 | 620 |

➡ 백의 자리 숫자가 1씩 커집니다.

10씩 뛰어 세기

| 330 | 340 | 350 | 360 | 370 | 380 |

➡ 십의 자리 숫자가 1씩 커집니다.

1씩 뛰어 세기

| 640 | 641 | 642 | 643 | 644 | 645 |

➡ 일의 자리 숫자가 1씩 커집니다.

> 원리비법 **바뀌는 자리 숫자**로 몇씩 뛰어 세었는지 알 수 있어!

💡 뛰어서 센 수입니다. 빈칸에 알맞은 수를 써넣으세요.

❶ [ ] — 826 — [ ] — 846 — [ ] — 866 — [ ] — 886 — 896

❷ 195 — [ ] — 395 — [ ] — 595 — [ ] — 795 — [ ] — 995

❸ [ ] — [ ] — 573 — 574 — [ ] — [ ] — 577 — 578 — 579

❹ 168 — [ ] — 368 — 468 — 568 — [ ] — [ ] — [ ] — 968

❺ [ ] — 392 — [ ] — [ ] — 395 — [ ] — 397 — 398 — 399

↻ 정답 92쪽

💡 뛰어서 센 수입니다. 빈칸에 알맞은 수를 써넣으세요.

6 ⬚ — ⬚ — 423 — 523 — 623

13 ⬚ — 667 — ⬚ — 687 — 697

7 ⬚ — 414 — 415 — 416 — ⬚

14 132 — 232 — 332 — ⬚ — ⬚

8 392 — ⬚ — ⬚ — 395 — 396

15 806 — 816 — 826 — ⬚ — ⬚

9 ⬚ — 941 — 951 — 961 — ⬚

16 964 — 965 — ⬚ — 967 — ⬚

10 ⬚ — 924 — 934 — ⬚ — 954

17 ⬚ — ⬚ — 314 — 414 — 514

11 ⬚ — 446 — ⬚ — 466 — ⬚

18 277 — 377 — ⬚ — ⬚ — 677

12 635 — ⬚ — 637 — 638 — ⬚

19 281 — ⬚ — 283 — ⬚ — 285

05 수의 크기 비교

○ **521 과 276의 크기 비교**

521 ➡	백의 자리	십의 자리	일의 자리
	5	2	1

276 ➡	백의 자리	십의 자리	일의 자리
	2	7	6

521 (>) 276
└ 5 > 2 ┘

➡ 백의 자리부터 순서대로 크기를 비교합니다.

**원리
비법 높은 자리 숫자가 클수록 큰 수야!**

💡 빈칸에 알맞은 숫자를 쓰고, ○ 안에 >, <를 알맞게 써넣으세요.

①

652 ➡	백의 자리	십의 자리	일의 자리
328 ➡			

652 ○ 328

④

241 ➡	백의 자리	십의 자리	일의 자리
141 ➡			

241 ○ 141

②

574 ➡	백의 자리	십의 자리	일의 자리
817 ➡			

574 ○ 817

⑤

628 ➡	백의 자리	십의 자리	일의 자리
774 ➡			

628 ○ 774

③

739 ➡	백의 자리	십의 자리	일의 자리
117 ➡			

739 ○ 117

⑥

852 ➡	백의 자리	십의 자리	일의 자리
674 ➡			

852 ○ 674

⊃ 정답 93쪽

공부한 날짜	맞힌 개수	걸린 시간
월 일	/27	분

💡 두 수의 크기를 비교하여 ○ 안에 >, <를 알맞게 써넣으세요.

7 728 ◯ 517　　**14** 186 ◯ 907　　**21** 417 ◯ 652

8 239 ◯ 163　　**15** 273 ◯ 375　　**22** 785 ◯ 528

9 774 ◯ 641　　**16** 635 ◯ 551　　**23** 139 ◯ 341

10 463 ◯ 252　　**17** 591 ◯ 278　　**24** 274 ◯ 828

11 352 ◯ 552　　**18** 952 ◯ 898　　**25** 463 ◯ 839

12 163 ◯ 441　　**19** 441 ◯ 602　　**26** 339 ◯ 617

13 496 ◯ 563　　**20** 392 ◯ 411　　**27** 285 ◯ 696

06 수의 크기 비교

 B

○ **715와 763의 크기 비교**

	백의 자리	십의 자리	일의 자리
715 ⇨	7	1	5

	백의 자리	십의 자리	일의 자리
763 ⇨	7	6	3

715 < 763
└ 1 < 6 ┘

⇨ 백의 자리 숫자가 같으면 십의 자리 숫자부터 순서대로 크기를 비교합니다.

(원리비법) 백의 자리 숫자부터 **차례로** 비교해!

 빈칸에 알맞은 숫자를 쓰고, ○ 안에 >, <를 알맞게 써넣으세요.

❶

	백의 자리	십의 자리	일의 자리
996 ⇨			
928 ⇨			

996 ◯ 928

❷

	백의 자리	십의 자리	일의 자리
852 ⇨			
817 ⇨			

852 ◯ 817

❸

	백의 자리	십의 자리	일의 자리
363 ⇨			
374 ⇨			

363 ◯ 374

❹

	백의 자리	십의 자리	일의 자리
141 ⇨			
174 ⇨			

141 ◯ 174

❺

	백의 자리	십의 자리	일의 자리
563 ⇨			
596 ⇨			

563 ◯ 596

❻

	백의 자리	십의 자리	일의 자리
617 ⇨			
628 ⇨			

617 ◯ 628

공부한 날짜	맞힌 개수	걸린 시간
월 일	/27	분

💡 두 수의 크기를 비교하여 ○ 안에 >, <를 알맞게 써넣으세요.

7 228 ◯ 296

8 885 ◯ 896

9 728 ◯ 785

10 917 ◯ 952

11 441 ◯ 439

12 339 ◯ 317

13 163 ◯ 152

14 396 ◯ 382

15 168 ◯ 192

16 693 ◯ 691

17 254 ◯ 253

18 508 ◯ 591

19 854 ◯ 881

20 732 ◯ 735

21 352 ◯ 385

22 985 ◯ 952

23 463 ◯ 441

24 651 ◯ 641

25 828 ◯ 817

26 717 ◯ 752

27 674 ◯ 639

01 받아올림이 있는 (두 자리 수)＋(한 자리 수)

○ 46＋8의 계산

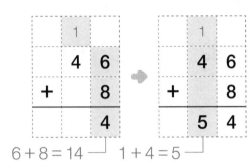

$6+8=14$ $1+4=5$

① 일의 자리는 $6+8=14$이므로 10을 받아올림합니다.

② 받아올림한 수와 십의 자리 수를 계산하면 $10+40=50$입니다.

원리 비법 일의 자리에서 받아올림한 수는 **십의 자리로 보내**!

 덧셈을 하세요.

1

```
   4 2
+    9
```

2

```
   2 6
+    7
```

3

```
   7 5
+    6
```

4

```
   1 6
+    9
```

5

```
   1 9
+    3
```

6

```
   1 3
+    8
```

7

```
   6 9
+    6
```

8

```
   4 5
+    7
```

9

```
   3 3
+    9
```

10

```
   5 6
+    6
```

11

```
   2 8
+    5
```

12

```
   8 6
+    7
```

공부한 날짜	맞힌 개수	걸린 시간
월 일	/27	분

2. 덧셈

◆ 덧셈을 하세요.

⑬
```
    4 8
+     5
```

⑭
```
    2 7
+     6
```

⑮
```
    3 8
+     4
```

⑯
```
    2 5
+     9
```

⑰
```
    6 8
+     6
```

⑱
```
    7 9
+     7
```

⑲
```
    1 4
+     7
```

⑳
```
    8 9
+     4
```

㉑
```
    7 7
+     5
```

㉒
```
    1 8
+     5
```

㉓
```
    2 8
+     8
```

㉔
```
    5 5
+     9
```

㉕
```
    6 6
+     9
```

㉖
```
    5 8
+     9
```

㉗
```
    5 9
+     7
```

02 받아올림이 있는 (두 자리 수) ＋ (한 자리 수) B

○ 76＋9의 계산

```
    1              1
  7 6            7 6
+   9          +   9
─────          ─────
    5            8 5
```

① 일의 자리는 6 ＋ 9 ＝ 15이므로 10을 받아올림합니다.

② 받아올림한 수와 십의 자리 수를 계산하면 10 ＋ 70 ＝ 80입니다.

 십의 자리로 받아올림한 수는 **십의 자리 수와 더해**!

💡 덧셈을 하세요.

❶
```
  1 7
+   6
─────
```

❷
```
  2 6
+   9
─────
```

❸
```
  6 7
+   8
─────
```

❹
```
  7 6
+   7
─────
```

❺
```
  4 9
+   8
─────
```

❻
```
  8 6
+   9
─────
```

❼
```
  2 9
+   8
─────
```

❽
```
  1 3
+   9
─────
```

❾
```
  3 4
+   8
─────
```

❿
```
  5 9
+   3
─────
```

⓫
```
  1 2
+   9
─────
```

⓬
```
  7 4
+   7
─────
```

💡 덧셈을 하세요.

⑬
```
    6 7
+     6
```

⑭
```
    8 7
+     5
```

⑮
```
    2 7
+     5
```

⑯
```
    8 5
+     8
```

⑰
```
    1 4
+     9
```

⑱
```
    1 8
+     6
```

⑲
```
    1 8
+     3
```

⑳
```
    8 7
+     7
```

㉑
```
    4 8
+     4
```

㉒
```
    4 5
+     9
```

㉓
```
    2 9
+     4
```

㉔
```
    7 8
+     9
```

㉕
```
    5 5
+     8
```

㉖
```
    3 9
+     9
```

㉗
```
    7 8
+     8
```

03 받아올림이 있는 (두 자리 수) ＋ (한 자리 수)

○ **23＋9의 계산**

①
$$23 + 9 = 20 + 12 = 32$$
②

① 십의 자리 계산: 20
② 일의 자리 계산: 3＋9＝12

(원리비법) 십의 자리와 일의 자리의 **계산 결과를 더해 줘!**

 □ 안에 알맞은 수를 써넣으세요.

① 46＋5 = □ + □ = □

⑤ 27＋9 = □ + □ = □

② 18＋7 = □ + □ = □

⑥ 35＋6 = □ + □ = □

③ 85＋9 = □ + □ = □

⑦ 73＋8 = □ + □ = □

④ 66＋7 = □ + □ = □

⑧ 17＋5 = □ + □ = □

⤴ 정답 94쪽

💡 덧셈을 하세요.

9 $86+8=\boxed{}$

16 $19+6=\boxed{}$

23 $36+6=\boxed{}$

10 $46+7=\boxed{}$

17 $29+9=\boxed{}$

24 $25+7=\boxed{}$

11 $78+7=\boxed{}$

18 $28+6=\boxed{}$

25 $49+9=\boxed{}$

12 $12+9=\boxed{}$

19 $89+9=\boxed{}$

26 $39+7=\boxed{}$

13 $89+6=\boxed{}$

20 $57+5=\boxed{}$

27 $65+8=\boxed{}$

14 $58+7=\boxed{}$

21 $79+9=\boxed{}$

28 $15+7=\boxed{}$

15 $37+6=\boxed{}$

22 $69+7=\boxed{}$

29 $48+9=\boxed{}$

04 일의 자리에서 받아올림이 있는 (두 자리 수)+(두 자리 수)

○ **48+15의 계산**

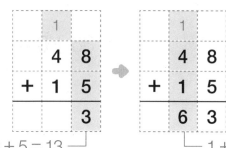

① 일의 자리는 8+5=13이므로 10을 받아올림합니다.

② 받아올림한 수와 십의 자리 수를 계산하면 10+40+10=60입니다.

8+5=13

1+4+1=6

원리 비법 일의 자리에서 받아올림한 수는 **십의 자리로 보내**!

 덧셈을 하세요.

①
$$\begin{array}{r} 5\ 4 \\ +\ 2\ 7 \\ \hline \end{array}$$

⑤
$$\begin{array}{r} 6\ 7 \\ +\ 2\ 4 \\ \hline \end{array}$$

⑨
$$\begin{array}{r} 3\ 8 \\ +\ 2\ 8 \\ \hline \end{array}$$

②
$$\begin{array}{r} 1\ 8 \\ +\ 1\ 9 \\ \hline \end{array}$$

⑥
$$\begin{array}{r} 4\ 9 \\ +\ 4\ 5 \\ \hline \end{array}$$

⑩
$$\begin{array}{r} 6\ 7 \\ +\ 1\ 3 \\ \hline \end{array}$$

③
$$\begin{array}{r} 1\ 4 \\ +\ 2\ 6 \\ \hline \end{array}$$

⑦
$$\begin{array}{r} 7\ 7 \\ +\ 1\ 5 \\ \hline \end{array}$$

⑪
$$\begin{array}{r} 7\ 5 \\ +\ 1\ 8 \\ \hline \end{array}$$

④
$$\begin{array}{r} 4\ 8 \\ +\ 4\ 9 \\ \hline \end{array}$$

⑧
$$\begin{array}{r} 4\ 4 \\ +\ 4\ 6 \\ \hline \end{array}$$

⑫
$$\begin{array}{r} 2\ 2 \\ +\ 2\ 9 \\ \hline \end{array}$$

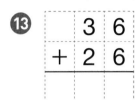 덧셈을 하세요.

⑬
```
    3 6
 +  2 6
```

⑱
```
    1 2
 +  6 9
```

㉓
```
    2 9
 +  3 4
```

⑭
```
    4 9
 +  2 3
```

⑲
```
    3 4
 +  1 6
```

㉔
```
    5 9
 +  2 3
```

⑮
```
    7 8
 +  1 8
```

⑳
```
    5 9
 +  1 2
```

㉕
```
    1 4
 +  3 7
```

⑯
```
    2 7
 +  3 3
```

㉑
```
    7 9
 +  1 2
```

㉖
```
    3 5
 +  5 9
```

⑰
```
    4 5
 +  3 9
```

㉒
```
    1 8
 +  5 6
```

㉗
```
    6 6
 +  2 6
```

2. 덧셈

05 일의 자리에서 받아올림이 있는 (두 자리 수)＋(두 자리 수) B

○ **33＋28의 계산**

```
  1            1
  3 3          3 3
+ 2 8        + 2 8
─────        ─────
    1          6 1
```

① 일의 자리는 3＋8＝11이므로 10을 받아올림합니다.

② 받아올림한 수와 십의 자리 수를 계산하면 10＋30＋20＝60입니다.

 십의 자리로 받아올림한 수는 **십의 자리 수**와 더해!

◈ 덧셈을 하세요.

1
```
  6 5
+ 2 8
```

2
```
  4 8
+ 2 7
```

3
```
  7 4
+ 1 6
```

4
```
  3 9
+ 3 4
```

5
```
  1 7
+ 3 4
```

6
```
  2 4
+ 5 7
```

7
```
  4 7
+ 1 3
```

8
```
  6 4
+ 2 6
```

9
```
  1 6
+ 6 7
```

10
```
  5 8
+ 2 9
```

11
```
  2 5
+ 3 9
```

12
```
  6 8
+ 1 6
```

공부한 날짜	맞힌 개수	걸린 시간
월 일	/27	분

2. 덧셈

💡 덧셈을 하세요.

⑬
```
    7 6
  + 1 6
```

⑱
```
    4 9
  + 1 2
```

㉓
```
    2 9
  + 2 3
```

⑭
```
    5 6
  + 3 6
```

⑲
```
    1 9
  + 1 2
```

㉔
```
    6 9
  + 2 5
```

⑮
```
    1 9
  + 4 5
```

⑳
```
    3 8
  + 3 9
```

㉕
```
    5 9
  + 1 5
```

⑯
```
    4 5
  + 2 8
```

㉑
```
    5 7
  + 3 3
```

㉖
```
    7 3
  + 1 8
```

⑰
```
    6 3
  + 2 8
```

㉒
```
    7 3
  + 1 9
```

㉗
```
    3 9
  + 1 2
```

2. 덧셈

06 일의 자리에서 받아올림이 있는 (두 자리 수)＋(두 자리 수)

○ 16＋36의 계산

①
16＋36＝40＋12＝52
②

① 십의 자리 계산: 10＋30＝40
② 일의 자리 계산: 6＋6＝12

원리
비법 십의 자리와 일의 자리의 **계산 결과를 더해 줘!**

◆ ☐ 안에 알맞은 수를 써넣으세요.

❶ 13＋69＝☐＋☐＝☐

❺ 46＋28＝☐＋☐＝☐

❷ 32＋59＝☐＋☐＝☐

❻ 74＋17＝☐＋☐＝☐

❸ 55＋35＝☐＋☐＝☐

❼ 16＋17＝☐＋☐＝☐

❹ 65＋16＝☐＋☐＝☐

❽ 58＋36＝☐＋☐＝☐

공부한 날짜	맞힌 개수	걸린 시간
월 일	/29	분

◈ 덧셈을 하세요.

9 72 + 19 = ☐

10 18 + 25 = ☐

11 28 + 17 = ☐

12 59 + 26 = ☐

13 25 + 47 = ☐

14 33 + 17 = ☐

15 19 + 16 = ☐

16 14 + 47 = ☐

17 53 + 38 = ☐

18 48 + 42 = ☐

19 76 + 15 = ☐

20 13 + 58 = ☐

21 75 + 19 = ☐

22 62 + 29 = ☐

23 54 + 16 = ☐

24 64 + 17 = ☐

25 27 + 54 = ☐

26 37 + 37 = ☐

27 64 + 17 = ☐

28 39 + 36 = ☐

29 49 + 34 = ☐

07 십의 자리에서 받아올림이 있는 (두 자리 수)＋(두 자리 수)

○ **67＋51의 계산**

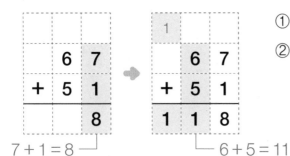

① 일의 자리는 7＋1＝8입니다.

② 십의 자리는 60＋50＝110이므로 100을 받아올림합니다.

7＋1＝8   6＋5＝11

원리 비법 십의 자리에서 받아올림한 수는 **백의 자리로 보내**!

 덧셈을 하세요.

❶
```
    6  1
+   6  3
```

❺
```
    2  2
+   8  6
```

❾
```
    3  7
+   8  1
```

❷
```
    2  1
+   8  2
```

❻
```
    4  3
+   6  3
```

❿
```
    7  1
+   5  3
```

❸
```
    5  5
+   6  1
```

❼
```
    8  5
+   6  2
```

⓫
```
    9  6
+   5  3
```

❹
```
    4  6
+   7  3
```

❽
```
    7  2
+   8  6
```

⓬
```
    8  2
+   5  4
```

공부한 날짜	맞힌 개수	걸린 시간
월 일	/27	분

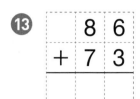 덧셈을 하세요.

⑬
```
   8 6
 + 7 3
```

⑭
```
   3 3
 + 9 3
```

⑮
```
   8 7
 + 9 2
```

⑯
```
   6 4
 + 7 4
```

⑰
```
   4 4
 + 7 4
```

⑱
```
   5 2
 + 5 6
```

⑲
```
   2 3
 + 8 2
```

⑳
```
   6 2
 + 8 5
```

㉑
```
   2 6
 + 8 3
```

㉒
```
   9 4
 + 1 4
```

㉓
```
   6 3
 + 5 2
```

㉔
```
   3 2
 + 8 5
```

㉕
```
   5 3
 + 7 2
```

㉖
```
   9 2
 + 5 5
```

㉗
```
   8 2
 + 6 5
```

08 십의 자리에서 받아올림이 있는 (두 자리 수)+(두 자리 수) B

 53+92의 계산

```
        1
    5 3          5 3
  + 9 2        + 9 2
  -------      -------
        5      1 4 5
```

① 일의 자리는 3+2=5입니다.

② 십의 자리는 50+90=140이므로 100을 받아올림합니다.

원리 비법 백의 자리로 받아올림한 수는 **그대로 내려 써!**

💡 덧셈을 하세요.

❶
```
    5 3
  + 6 1
  -------
```

❺
```
    9 6
  + 6 1
  -------
```

❾
```
    3 6
  + 8 3
  -------
```

❷
```
    2 3
  + 9 3
  -------
```

❻
```
    3 6
  + 9 1
  -------
```

❿
```
    7 7
  + 5 2
  -------
```

❸
```
    4 1
  + 8 3
  -------
```

❼
```
    6 6
  + 6 1
  -------
```

⓫
```
    9 7
  + 8 1
  -------
```

❹
```
    8 2
  + 7 6
  -------
```

❽
```
    7 6
  + 9 3
  -------
```

⓬
```
    6 6
  + 5 3
  -------
```

💡 덧셈을 하세요.

⑬
```
    3 1
+   8 2
```

⑱
```
    2 6
+   9 1
```

㉓
```
    2 5
+   9 2
```

⑭
```
    7 2
+   6 4
```

⑲
```
    5 6
+   8 3
```

㉔
```
    4 1
+   6 1
```

⑮
```
    9 3
+   8 2
```

⑳
```
    4 7
+   8 1
```

㉕
```
    2 2
+   9 5
```

⑯
```
    8 3
+   2 3
```

㉑
```
    8 5
+   5 1
```

㉖
```
    3 3
+   7 1
```

⑰
```
    5 2
+   9 5
```

㉒
```
    6 2
+   7 4
```

㉗
```
    4 5
+   6 2
```

2. 덧셈

09 십의 자리에서 받아올림이 있는 (두 자리 수) + (두 자리 수)

○ **64 + 72의 계산**

①
64 + 72 = 130 + 6 = 136
②

① 십의 자리 계산: 60 + 70 = 130
② 일의 자리 계산: 4 + 2 = 6

 원리 비법 십의 자리와 일의 자리의 **계산 결과를 더해 줘!**

 ◯ 안에 알맞은 수를 써넣으세요.

① 31 + 93 = ☐ + ☐ = ☐

② 74 + 65 = ☐ + ☐ = ☐

③ 53 + 83 = ☐ + ☐ = ☐

④ 27 + 82 = ☐ + ☐ = ☐

⑤ 45 + 91 = ☐ + ☐ = ☐

⑥ 24 + 95 = ☐ + ☐ = ☐

⑦ 65 + 91 = ☐ + ☐ = ☐

⑧ 92 + 44 = ☐ + ☐ = ☐

↻ 정답 96쪽

공부한 날짜	맞힌 개수	걸린 시간
월 일	/29	분

💡 덧셈을 하세요.

❾ 61 + 52 = ☐　　❶❻ 64 + 85 = ☐　　㉓ 54 + 55 = ☐

❿ 65 + 42 = ☐　　❶❼ 91 + 11 = ☐　　㉔ 37 + 72 = ☐

⓫ 43 + 81 = ☐　　❶❽ 88 + 41 = ☐　　㉕ 55 + 72 = ☐

⓬ 21 + 93 = ☐　　❶❾ 57 + 62 = ☐　　㉖ 75 + 71 = ☐

⓭ 87 + 31 = ☐　　⓴ 42 + 94 = ☐　　㉗ 95 + 31 = ☐

⓮ 34 + 85 = ☐　　㉑ 97 + 72 = ☐　　㉘ 84 + 45 = ☐

⓯ 71 + 42 = ☐　　㉒ 61 + 41 = ☐　　㉙ 47 + 92 = ☐

10 받아올림이 두 번 있는 (두 자리 수)+(두 자리 수)

57+69의 계산

$$
\begin{array}{r}
\;1 \\
5\;7 \\
+\;6\;9 \\
\hline
6
\end{array}
\;\Rightarrow\;
\begin{array}{r}
1\;1 \\
5\;7 \\
+\;6\;9 \\
\hline
1\;2\;6
\end{array}
$$

7+9=16 ┘   └ 1+5+6=12

① 일의 자리는 7+9=16이므로 10을 받아올림합니다.

② 받아올림한 수와 십의 자리 수를 계산하면 10+50+60=120이므로 100을 받아올림합니다.

> **원리비법** 받아올림한 수를 **잊지 말고** 더해 줘!

덧셈을 하세요.

①
$$
\begin{array}{r}
6\;5 \\
+\;8\;7 \\
\hline
\end{array}
$$

②
$$
\begin{array}{r}
4\;4 \\
+\;6\;8 \\
\hline
\end{array}
$$

③
$$
\begin{array}{r}
8\;6 \\
+\;6\;5 \\
\hline
\end{array}
$$

④
$$
\begin{array}{r}
3\;9 \\
+\;7\;9 \\
\hline
\end{array}
$$

⑤
$$
\begin{array}{r}
2\;3 \\
+\;9\;8 \\
\hline
\end{array}
$$

⑥
$$
\begin{array}{r}
4\;6 \\
+\;8\;6 \\
\hline
\end{array}
$$

⑦
$$
\begin{array}{r}
3\;5 \\
+\;8\;7 \\
\hline
\end{array}
$$

⑧
$$
\begin{array}{r}
5\;8 \\
+\;9\;3 \\
\hline
\end{array}
$$

⑨
$$
\begin{array}{r}
9\;5 \\
+\;2\;7 \\
\hline
\end{array}
$$

⑩
$$
\begin{array}{r}
2\;3 \\
+\;8\;9 \\
\hline
\end{array}
$$

⑪
$$
\begin{array}{r}
5\;5 \\
+\;8\;9 \\
\hline
\end{array}
$$

⑫
$$
\begin{array}{r}
7\;4 \\
+\;5\;8 \\
\hline
\end{array}
$$

💡 덧셈을 하세요.

⑬
```
    8 5
+   4 7
───────
```

⑱
```
    6 4
+   9 6
───────
```

㉓
```
    6 3
+   7 8
───────
```

⑭
```
    3 5
+   9 8
───────
```

⑲
```
    8 8
+   5 6
───────
```

㉔
```
    8 8
+   2 3
───────
```

⑮
```
    9 6
+   7 7
───────
```

⑳
```
    9 9
+   6 2
───────
```

㉕
```
    4 6
+   6 8
───────
```

⑯
```
    2 7
+   8 7
───────
```

㉑
```
    9 7
+   1 4
───────
```

㉖
```
    9 8
+   6 9
───────
```

⑰
```
    7 6
+   9 5
───────
```

㉒
```
    7 8
+   7 4
───────
```

㉗
```
    5 3
+   7 9
───────
```

2. 덧셈

11 받아올림이 두 번 있는 (두 자리 수)＋(두 자리 수)   B

○ **54＋76의 계산**

```
    1              1 1
    5 4            5 4
  + 7 6          + 7 6
  -------        -------
        0        1 3 0
```

① 일의 자리는 4＋6＝10이므로 10을 받아올림합니다.

② 받아올림한 수와 십의 자리 수를 계산하면 10＋50＋70＝130 이므로 100을 받아올림합니다.

 백의 자리로 받아올림한 수는 **그대로 내려 써**!

덧셈을 하세요.

❶
```
    4 5
  + 6 9
```

❷
```
    8 6
  + 3 9
```

❸
```
    3 7
  + 8 8
```

❹
```
    6 8
  + 4 3
```

❺
```
    6 7
  + 5 5
```

❻
```
    4 9
  + 7 8
```

❼
```
    9 3
  + 3 9
```

❽
```
    5 9
  + 5 9
```

❾
```
    2 6
  + 8 5
```

❿
```
    5 6
  + 6 8
```

⓫
```
    9 5
  + 4 9
```

⓬
```
    7 7
  + 9 6
```

공부한 날짜	맞힌 개수	걸린 시간
월 일	/27	분

💡 덧셈을 하세요.

⑬
```
    6 6
  + 8 8
```

⑱
```
    5 7
  + 8 4
```

㉓
```
    4 8
  + 7 4
```

⑭
```
    2 5
  + 8 9
```

⑲
```
    2 8
  + 9 5
```

㉔
```
    9 5
  + 9 9
```

⑮
```
    8 6
  + 8 6
```

⑳
```
    7 7
  + 4 8
```

㉕
```
    7 5
  + 6 7
```

⑯
```
    3 6
  + 9 6
```

㉑
```
    8 5
  + 6 9
```

㉖
```
    7 9
  + 3 7
```

⑰
```
    6 9
  + 8 7
```

㉒
```
    9 8
  + 9 5
```

㉗
```
    5 7
  + 5 6
```

12 받아올림이 두 번 있는 (두 자리 수)+(두 자리 수)

◦87+44의 계산

①
87+44=120+11=131
②

① 십의 자리 계산: 80+40=120
② 일의 자리 계산: 7+4=11

원리 비법 십의 자리와 일의 자리의 **계산 결과를 더해 줘!**

 ☐ 안에 알맞은 수를 써넣으세요.

1 47+84 = ☐ + ☐ = ☐

5 26+89 = ☐ + ☐ = ☐

2 54+67 = ☐ + ☐ = ☐

6 38+76 = ☐ + ☐ = ☐

3 47+77 = ☐ + ☐ = ☐

7 24+96 = ☐ + ☐ = ☐

4 65+69 = ☐ + ☐ = ☐

8 76+58 = ☐ + ☐ = ☐

⊃ 정답 96쪽

공부한 날짜	맞힌 개수	걸린 시간
월 일	/29	분

💡 덧셈을 하세요.

9 74＋38 =

10 28＋86 =

11 55＋68 =

12 94＋58 =

13 69＋59 =

14 38＋95 =

15 73＋59 =

16 89＋89 =

17 34＋96 =

18 67＋88 =

19 44＋87 =

20 57＋78 =

21 96＋88 =

22 48＋96 =

23 48＋63 =

24 66＋55 =

25 84＋98 =

26 35＋76 =

27 99＋37 =

28 82＋38 =

29 29＋99 =

13 여러 가지 방법으로 덧셈하기

38 + 26의 계산

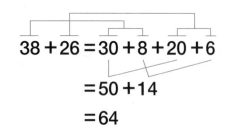

$$38 + 26 = 30 + 8 + 20 + 6$$
$$= 50 + 14$$
$$= 64$$

① 38을 30과 8로 가르기 하고, 26을 20과 6으로 가르기 합니다.

② 가르기 한 30과 20을 더하고, 8과 6을 더합니다.

③ 마지막으로 두 수를 더합니다.

> **원리 비법** 몇십몇을 모두 **몇십과 몇의 합**으로 나누어 계산해!

 ☐ 안에 알맞은 수를 써넣으세요.

1 43 + 39
= 40 + ☐ + 30 + ☐
= 70 + ☐ = ☐

5 28 + 67
= 20 + ☐ + 60 + ☐
= 80 + ☐ = ☐

2 65 + 19
= 60 + ☐ + 10 + ☐
= 70 + ☐ = ☐

6 55 + 28
= 50 + ☐ + 20 + ☐
= 70 + ☐ = ☐

3 76 + 17
= 70 + ☐ + 10 + ☐
= 80 + ☐ = ☐

7 17 + 23
= 10 + ☐ + 20 + ☐
= 30 + ☐ = ☐

4 38 + 17
= 30 + ☐ + 10 + ☐
= 40 + ☐ = ☐

8 35 + 48
= 30 + ☐ + 40 + ☐
= 70 + ☐ = ☐

⤴ 정답 97쪽

공부한 날짜	맞힌 개수	걸린 시간
월 일	/18	분

💡 ▢ 안에 알맞은 수를 써넣으세요.

9 68+27

= ▢+8+▢+7

= ▢+15= ▢

14 79+15

= ▢+9+▢+5

= ▢+14= ▢

10 13+48

= ▢+3+▢+8

= ▢+11= ▢

15 24+46

= ▢+4+▢+6

= ▢+10= ▢

11 37+43

= ▢+7+▢+3

= ▢+10= ▢

16 68+29

= ▢+8+▢+9

= ▢+17= ▢

12 47+24

= ▢+7+▢+4

= ▢+11= ▢

17 57+14

= ▢+7+▢+4

= ▢+11= ▢

13 49+34

= ▢+9+▢+4

= ▢+13= ▢

18 75+19

= ▢+5+▢+9

= ▢+14= ▢

14 여러 가지 방법으로 덧셈하기 B

○ **38＋26의 계산**

$$38 + 26 = 38 + 20 + 6$$
$$= 58 + 6$$
$$= 64$$

① 뒤에 있는 26을 20과 6으로 가르기 합니다.

② 38과 가르기 한 20을 더하고, 나머지 6을 더합니다.

> **원리비법** 뒤의 몇십몇을 **몇십과 몇의 합**으로 나누어 계산해!

 ☐ 안에 알맞은 수를 써넣으세요.

① 27＋55
　＝27＋☐＋5
　＝☐＋5＝☐

② 63＋19
　＝63＋☐＋9
　＝☐＋9＝☐

③ 39＋23
　＝39＋☐＋3
　＝☐＋3＝☐

④ 53＋19
　＝53＋☐＋9
　＝☐＋9＝☐

⑤ 19＋34
　＝19＋☐＋4
　＝☐＋4＝☐

⑥ 46＋17
　＝46＋☐＋7
　＝☐＋7＝☐

⑦ 77＋15
　＝77＋☐＋5
　＝☐＋5＝☐

⑧ 29＋45
　＝29＋☐＋5
　＝☐＋5＝☐

정답 97쪽

공부한 날짜	맞힌 개수	걸린 시간
월 일	/18	분

□ 안에 알맞은 수를 써넣으세요.

⑨ $72+19$
$=72+10+\square$
$=82+\square=\square$

⑩ $52+29$
$=52+20+\square$
$=72+\square=\square$

⑪ $18+67$
$=18+60+\square$
$=78+\square=\square$

⑫ $28+56$
$=28+50+\square$
$=78+\square=\square$

⑬ $78+17$
$=78+10+\square$
$=88+\square=\square$

⑭ $46+46$
$=46+40+\square$
$=86+\square=\square$

⑮ $69+14$
$=69+10+\square$
$=79+\square=\square$

⑯ $58+37$
$=58+30+\square$
$=88+\square=\square$

⑰ $37+15$
$=37+10+\square$
$=47+\square=\square$

⑱ $44+17$
$=44+10+\square$
$=54+\square=\square$

15 여러 가지 방법으로 덧셈하기

○ **38＋26의 계산**

$$38 + 26 = 38 + 30 - 4$$
$$= 68 - 4$$
$$= 64$$

① 뒤에 있는 26을 30 － 4로 고칩니다.
② 38과 30을 더한 후 4를 뺍니다.

원리 비법 뒤의 몇십몇을 **몇십**과 **몇**의 **차**로 나누어 계산해!

💡 ☐ 안에 알맞은 수를 써넣으세요.

1 25＋28
=25＋30－☐
=55－☐=☐

5 57＋25
=57＋30－☐
=87－☐=☐

2 48＋16
=48＋20－☐
=68－☐=☐

6 66＋17
=66＋20－☐
=86－☐=☐

3 79＋13
=79＋20－☐
=99－☐=☐

7 16＋56
=16＋60－☐
=76－☐=☐

4 36＋37
=36＋40－☐
=76－☐=☐

8 54＋16
=54＋20－☐
=74－☐=☐

💡 ☐ 안에 알맞은 수를 써넣으세요.

⑨ $74+17$

$=74+\boxed{}-3$

$=\boxed{}-3=\boxed{}$

⑩ $48+38$

$=48+\boxed{}-2$

$=\boxed{}-2=\boxed{}$

⑪ $23+19$

$=23+\boxed{}-1$

$=\boxed{}-1=\boxed{}$

⑫ $56+17$

$=56+\boxed{}-3$

$=\boxed{}-3=\boxed{}$

⑬ $26+17$

$=26+\boxed{}-3$

$=\boxed{}-3=\boxed{}$

⑭ $39+45$

$=39+\boxed{}-5$

$=\boxed{}-5=\boxed{}$

⑮ $29+12$

$=29+\boxed{}-8$

$=\boxed{}-8=\boxed{}$

⑯ $32+59$

$=32+\boxed{}-1$

$=\boxed{}-1=\boxed{}$

⑰ $62+29$

$=62+\boxed{}-1$

$=\boxed{}-1=\boxed{}$

⑱ $15+78$

$=15+\boxed{}-2$

$=\boxed{}-2=\boxed{}$

16 세 수의 덧셈

○ 47 + 8 + 5의 계산

$$47 + 8 + 5 = 60$$

① 55
② 60

① 47 + 8 = 55
② 55 + 5 = 60

```
   47          55
 +  8        +  5
   55          60
```

원리 비법 **두 수를 먼저** 더한 다음 남은 한 수를 더해!

💡 계산을 하세요.

1 38 + 4 + 5 = ☐

```
   38 →  ☐
 +  4  +  5
   ☐     ☐
```

5 44 + 8 + 3 = ☐

```
   44 →  ☐
 +  8  +  3
   ☐     ☐
```

2 58 + 4 + 1 = ☐

```
   58 →  ☐
 +  4  +  1
   ☐     ☐
```

6 18 + 6 + 2 = ☐

```
   18 →  ☐
 +  6  +  2
   ☐     ☐
```

3 68 + 5 + 4 = ☐

```
   68 →  ☐
 +  5  +  4
   ☐     ☐
```

7 73 + 8 + 3 = ☐

```
   73 →  ☐
 +  8  +  3
   ☐     ☐
```

4 29 + 2 + 7 = ☐

```
   29 →  ☐
 +  2  +  7
   ☐     ☐
```

8 88 + 5 + 4 = ☐

```
   88 →  ☐
 +  5  +  4
   ☐     ☐
```

💡 계산을 하세요.

9 14+8+6=☐

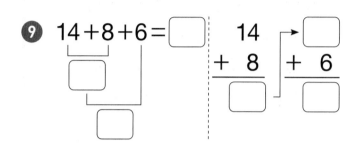

10 48+6+4=☐

11 64+8+3=☐

12 24+7+5=☐

13 49+3+5=☐

14 54+8+7=☐

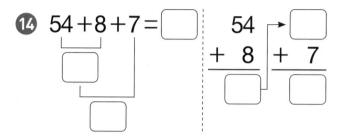

15 78+4+1=☐

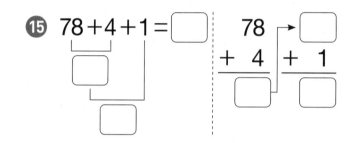

16 36+9+3=☐

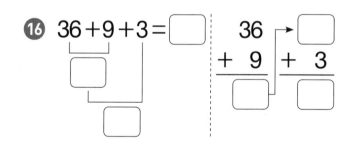

17 86+9+3=☐

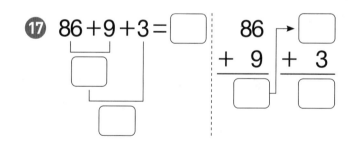

18 33+9+3=☐

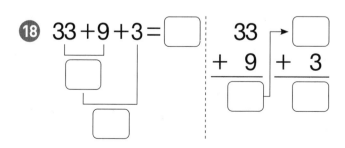

01 받아내림이 있는 (두 자리 수) − (한 자리 수)

○ **32 − 6의 계산**

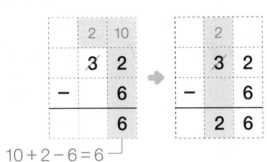

$10 + 2 - 6 = 6$

① 2에서 6를 뺄 수 없으므로 십의 자리에서 받아내림합니다.
② 받아내림을 하고 남은 십의 자리 수 2는 십의 자리에 내려 씁니다.

원리 비법 일의 자리끼리 못 빼면 **십의 자리에서 10을 받아내림해!**

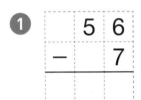 뺄셈을 하세요.

❶
```
   5 6
 −   7
```

❷
```
   2 1
 −   3
```

❸
```
   6 6
 −   7
```

❹
```
   3 1
 −   4
```

❺
```
   2 2
 −   8
```

❻
```
   6 5
 −   9
```

❼
```
   4 4
 −   7
```

❽
```
   8 2
 −   8
```

❾
```
   4 1
 −   7
```

❿
```
   9 3
 −   5
```

⓫
```
   7 2
 −   5
```

⓬
```
   8 4
 −   8
```

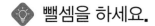 뺄셈을 하세요.

⑬
```
    8 1
  -   3
  ─────
```

⑭
```
    9 7
  -   9
  ─────
```

⑮
```
    4 5
  -   7
  ─────
```

⑯
```
    8 6
  -   7
  ─────
```

⑰
```
    2 6
  -   8
  ─────
```

⑱
```
    3 6
  -   7
  ─────
```

⑲
```
    5 5
  -   9
  ─────
```

⑳
```
    8 5
  -   6
  ─────
```

㉑
```
    3 2
  -   8
  ─────
```

㉒
```
    9 1
  -   4
  ─────
```

㉓
```
    3 5
  -   9
  ─────
```

㉔
```
    6 1
  -   5
  ─────
```

㉕
```
    9 1
  -   5
  ─────
```

㉖
```
    5 1
  -   6
  ─────
```

㉗
```
    7 5
  -   7
  ─────
```

02 받아내림이 있는 (두 자리 수) ─ (한 자리 수) B

○ 63−4의 계산

```
    5  10          5  10        ① 3에서 4를 뺄 수 없으므로 십의
    6̸  3           6̸  3            자리에서 받아내림합니다.
  −    4         −    4         ② 받아내림을 하고 남은 십의 자리
       9            5  9           수 5는 십의 자리에 내려 씁니다.
```

 받아내림한 10과 일의 자리 수를 **더해서 뺄야 해!**

💡 뺄셈을 하세요.

❶
```
    2  1
  −    5
```

❺
```
    5  2
  −    4
```

❾
```
    1  1
  −    3
```

❷
```
    7  2
  −    3
```

❻
```
    3  1
  −    7
```

❿
```
    7  3
  −    7
```

❸
```
    4  3
  −    8
```

❼
```
    8  1
  −    5
```

⓫
```
    3  3
  −    5
```

❹
```
    9  4
  −    7
```

❽
```
    6  1
  −    2
```

⓬
```
    5  3
  −    4
```

공부한 날짜	맞힌 개수	걸린 시간
월 일	/27	분

💡 뺄셈을 하세요.

⑬
```
    8 3
-     6
_____
```

⑱
```
    4 6
-     9
_____
```

㉓
```
    4 2
-     3
_____
```

⑭
```
    2 3
-     5
_____
```

⑲
```
    2 5
-     7
_____
```

㉔
```
    5 5
-     6
_____
```

⑮
```
    6 7
-     9
_____
```

⑳
```
    6 1
-     4
_____
```

㉕
```
    2 8
-     9
_____
```

⑯
```
    9 1
-     2
_____
```

㉑
```
    1 4
-     8
_____
```

㉖
```
    2 4
-     8
_____
```

⑰
```
    3 2
-     7
_____
```

㉒
```
    8 4
-     5
_____
```

㉗
```
    7 7
-     8
_____
```

03 받아내림이 있는 (두 자리 수) − (한 자리 수) C

○ 54 − 6의 계산

$$54 − 6 = 40 + 14 − 6$$
$$= 40 + 8 = 48$$

① 54를 40과 14로 가르기 합니다.
② 가르기 한 14에서 6을 뺍니다.
③ 40과 14에서 6을 뺀 수를 더합니다.

원리
비법 앞의 몇십몇을 **몇십과 몇십몇으로 가르기** 해!

 ☐ 안에 알맞은 수를 써넣으세요.

1 $61 − 3 = 50 + \boxed{} − 3$
$= 50 + \boxed{} = \boxed{}$

5 $23 − 6 = 10 + \boxed{} − 6$
$= 10 + \boxed{} = \boxed{}$

2 $31 − 2 = 20 + \boxed{} − 2$
$= 20 + \boxed{} = \boxed{}$

6 $82 − 4 = 70 + \boxed{} − 4$
$= 70 + \boxed{} = \boxed{}$

3 $71 − 4 = 60 + \boxed{} − 4$
$= 60 + \boxed{} = \boxed{}$

7 $62 − 9 = 50 + \boxed{} − 9$
$= 50 + \boxed{} = \boxed{}$

4 $53 − 5 = 40 + \boxed{} − 5$
$= 40 + \boxed{} = \boxed{}$

8 $91 − 3 = 80 + \boxed{} − 3$
$= 80 + \boxed{} = \boxed{}$

↻ 정답 98쪽

공부한 날짜	맞힌 개수	걸린 시간
월 일	/29	분

💡 뺄셈을 하세요.

9 21 − 7 = ☐

10 51 − 7 = ☐

11 61 − 4 = ☐

12 92 − 6 = ☐

13 41 − 6 = ☐

14 93 − 4 = ☐

15 74 − 6 = ☐

16 81 − 4 = ☐

17 31 − 6 = ☐

18 73 − 9 = ☐

19 48 − 9 = ☐

20 87 − 9 = ☐

21 52 − 3 = ☐

22 27 − 9 = ☐

23 15 − 7 = ☐

24 66 − 9 = ☐

25 22 − 4 = ☐

26 45 − 7 = ☐

27 74 − 9 = ☐

28 86 − 8 = ☐

29 34 − 5 = ☐

04 받아내림이 있는 (몇십) − (몇십몇)

○ 40 − 25의 계산

	3	10
	4̸	0
−	2	5
		5

10 − 5 = 5

	3	10
	4̸	0
−	2	5
	1	5

3 − 2 = 1

① 0에서 5를 뺄 수 없으므로 십의 자리에서 받아내림합니다.

② 받아내림하고 남은 십의 자리 수 3에서 2를 뺍니다.

(원리 비법) 일의 자리끼리 못 빼면 **십의 자리에서 10을 받아내림해!**

💡 뺄셈을 하세요.

❶
```
    4 0
  − 2 2
```

❷
```
    9 0
  − 1 9
```

❸
```
    5 0
  − 1 4
```

❹
```
    7 0
  − 1 5
```

❺
```
    8 0
  − 6 4
```

❻
```
    3 0
  − 1 2
```

❼
```
    9 0
  − 3 3
```

❽
```
    6 0
  − 1 2
```

❾
```
    4 0
  − 1 1
```

❿
```
    7 0
  − 2 3
```

⓫
```
    6 0
  − 2 6
```

⓬
```
    8 0
  − 2 9
```

공부한 날짜	맞힌 개수	걸린 시간
월 일	/27	분

 빼셈을 하세요.

⑬
```
    8 0
-   1 4
---------
```

⑭
```
    5 0
-   2 2
---------
```

⑮
```
    9 0
-   3 8
---------
```

⑯
```
    4 0
-   2 9
---------
```

⑰
```
    7 0
-   4 6
---------
```

⑱
```
    6 0
-   4 8
---------
```

⑲
```
    8 0
-   5 5
---------
```

⑳
```
    3 0
-   1 8
---------
```

㉑
```
    9 0
-   6 8
---------
```

㉒
```
    7 0
-   5 3
---------
```

㉓
```
    9 0
-   6 9
---------
```

㉔
```
    8 0
-   3 4
---------
```

㉕
```
    4 0
-   2 8
---------
```

㉖
```
    9 0
-   3 7
---------
```

㉗
```
    7 0
-   4 3
---------
```

05 받아내림이 있는 (몇십) − (몇십몇)

B

○ 70 − 23의 계산

```
  6 10            6 10        ① 0에서 3를 뺄 수 없으므로 십의
  7̶ 0            7̶ 0            자리에서 받아내림합니다.
−  2 3      ➡   −  2 3       ② 받아내림하고 남은 십의 자리 수
─────           ─────            6에서 2를 뺍니다.
      7            4 7
```

 받아내림한 10에서 일의 자리 수를 **빼야 해**!

💡 뺄셈을 하세요.

①
```
   6 0
−  2 3
──────
```

⑤
```
   5 0
−  1 8
──────
```

⑨
```
   8 0
−  1 5
──────
```

②
```
   3 0
−  1 7
──────
```

⑥
```
   7 0
−  3 8
──────
```

⑩
```
   9 0
−  3 9
──────
```

③
```
   8 0
−  3 9
──────
```

⑦
```
   7 0
−  3 5
──────
```

⑪
```
   4 0
−  2 4
──────
```

④
```
   9 0
−  1 7
──────
```

⑧
```
   4 0
−  1 8
──────
```

⑫
```
   6 0
−  4 9
──────
```

💡 뺄셈을 하세요.

⑬
```
    4 0
  - 1 6
```

⑱
```
    6 0
  - 3 3
```

㉓
```
    9 0
  - 7 5
```

⑭
```
    5 0
  - 3 8
```

⑲
```
    7 0
  - 1 3
```

㉔
```
    8 0
  - 6 3
```

⑮
```
    9 0
  - 3 1
```

⑳
```
    5 0
  - 3 7
```

㉕
```
    6 0
  - 4 3
```

⑯
```
    7 0
  - 4 8
```

㉑
```
    8 0
  - 6 2
```

㉖
```
    3 0
  - 1 4
```

⑰
```
    7 0
  - 5 6
```

㉒
```
    9 0
  - 5 9
```

㉗
```
    8 0
  - 6 9
```

3. 뺄셈

06 받아내림이 있는 (몇십) ─ (몇십몇)

○ **50 ─ 28의 계산**

$$50 - 28 = 40 + 10 - 20 - 8$$
$$= 20 + 2 = 22$$

① 50을 40과 10으로, 28을 20과 8로 가르기 합니다.
② 40에서 20을 빼고, 10에서 8을 뺍니다.
③ 두 결과를 더합니다.

원리 비법 앞의 몇십의 십의 자리에서 **10을 내려서** 계산해!

🔅 ☐ 안에 알맞은 수를 써넣으세요.

❶ $90 - 27 = 80 + \boxed{} - 20 - \boxed{}$
$= \boxed{} + \boxed{} = \boxed{}$

❺ $70 - 25 = 60 + \boxed{} - 20 - \boxed{}$
$= \boxed{} + \boxed{} = \boxed{}$

❷ $50 - 33 = 40 + \boxed{} - 30 - \boxed{}$
$= \boxed{} + \boxed{} = \boxed{}$

❻ $40 - 12 = 30 + \boxed{} - 10 - \boxed{}$
$= \boxed{} + \boxed{} = \boxed{}$

❸ $80 - 45 = 70 + \boxed{} - 40 - \boxed{}$
$= \boxed{} + \boxed{} = \boxed{}$

❼ $60 - 34 = 50 + \boxed{} - 30 - \boxed{}$
$= \boxed{} + \boxed{} = \boxed{}$

❹ $90 - 64 = 80 + \boxed{} - 60 - \boxed{}$
$= \boxed{} + \boxed{} = \boxed{}$

❽ $70 - 12 = 60 + \boxed{} - 10 - \boxed{}$
$= \boxed{} + \boxed{} = \boxed{}$

↻ 정답 99쪽

공부한 날짜	맞힌 개수	걸린 시간
월 일	/29	분

◆ 뺄셈을 하세요.

9 50 − 15 = ☐

10 90 − 15 = ☐

11 30 − 13 = ☐

12 60 − 28 = ☐

13 90 − 36 = ☐

14 80 − 32 = ☐

15 80 − 66 = ☐

16 60 − 27 = ☐

17 70 − 58 = ☐

18 90 − 66 = ☐

19 70 − 42 = ☐

20 40 − 17 = ☐

21 80 − 67 = ☐

22 90 − 58 = ☐

23 90 − 55 = ☐

24 80 − 53 = ☐

25 70 − 16 = ☐

26 50 − 39 = ☐

27 90 − 35 = ☐

28 60 − 14 = ☐

29 70 − 55 = ☐

07 받아내림이 있는 (두 자리 수) − (두 자리 수)

41 − 25의 계산

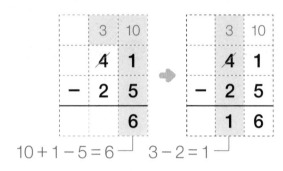

$10 + 1 - 5 = 6$ $3 - 2 = 1$

① 1에서 5를 뺄 수 없으므로 십의
자리에서 받아내림합니다.
② 받아내림하고 남은 십의 자리 수
3에서 2를 뺍니다.

> **원리비법** 일의 자리끼리 못 빼면 **십의 자리에서 10을 받아내림해!**

 뺄셈을 하세요.

1
```
  7 1
− 1 7
```

5
```
  4 1
− 1 6
```

9
```
  3 1
− 1 2
```

2
```
  3 4
− 1 9
```

6
```
  9 1
− 7 8
```

10
```
  8 1
− 2 9
```

3
```
  8 6
− 5 8
```

7
```
  8 2
− 3 9
```

11
```
  9 2
− 1 9
```

4
```
  6 4
− 2 5
```

8
```
  5 1
− 2 6
```

12
```
  4 5
− 1 6
```

	공부한 날짜	맞힌 개수	걸린 시간
	월 일	/27	분

빨셈을 하세요.

⑬
```
    5 4
 -  1 8
```

⑭
```
    8 2
 -  4 4
```

⑮
```
    7 3
 -  1 9
```

⑯
```
    4 4
 -  2 7
```

⑰
```
    7 5
 -  3 7
```

⑱
```
    9 5
 -  6 6
```

⑲
```
    6 2
 -  2 4
```

⑳
```
    3 1
 -  1 8
```

㉑
```
    9 3
 -  5 7
```

㉒
```
    6 1
 -  1 6
```

㉓
```
    6 2
 -  3 5
```

㉔
```
    7 1
 -  3 9
```

㉕
```
    9 5
 -  7 7
```

㉖
```
    8 3
 -  1 7
```

㉗
```
    5 3
 -  1 7
```

08 받아내림이 있는 (두 자리 수) − (두 자리 수) B

○ 82 − 14의 계산

$$
\begin{array}{cc}
{\scriptstyle 7} & {\scriptstyle 10} \\
\not{8} & 2 \\
- \;1 & 4 \\
\hline
& 8
\end{array}
\quad\Rightarrow\quad
\begin{array}{cc}
{\scriptstyle 7} & {\scriptstyle 10} \\
\not{8} & 2 \\
- \;1 & 4 \\
\hline
6 & 8
\end{array}
$$

① 2에서 4를 뺄 수 없으므로 십의 자리에서 받아내림합니다.

② 받아내림하고 남은 십의 자리 수 7에서 1을 뺍니다.

> **원리 비법** 받아내림한 10과 일의 자리 수를 **더해서 빼야 해**!

 뺄셈을 하세요.

①
$$
\begin{array}{r}
4\ 1 \\
-\ 2\ 3 \\
\hline
\end{array}
$$

⑤
$$
\begin{array}{r}
8\ 1 \\
-\ 1\ 8 \\
\hline
\end{array}
$$

⑨
$$
\begin{array}{r}
7\ 6 \\
-\ 5\ 9 \\
\hline
\end{array}
$$

②
$$
\begin{array}{r}
3\ 2 \\
-\ 1\ 4 \\
\hline
\end{array}
$$

⑥
$$
\begin{array}{r}
5\ 1 \\
-\ 2\ 9 \\
\hline
\end{array}
$$

⑩
$$
\begin{array}{r}
9\ 3 \\
-\ 7\ 9 \\
\hline
\end{array}
$$

③
$$
\begin{array}{r}
9\ 7 \\
-\ 3\ 8 \\
\hline
\end{array}
$$

⑦
$$
\begin{array}{r}
7\ 7 \\
-\ 1\ 8 \\
\hline
\end{array}
$$

⑪
$$
\begin{array}{r}
3\ 1 \\
-\ 1\ 9 \\
\hline
\end{array}
$$

④
$$
\begin{array}{r}
6\ 3 \\
-\ 3\ 7 \\
\hline
\end{array}
$$

⑧
$$
\begin{array}{r}
7\ 3 \\
-\ 2\ 5 \\
\hline
\end{array}
$$

⑫
$$
\begin{array}{r}
6\ 2 \\
-\ 1\ 7 \\
\hline
\end{array}
$$

❖ 빨셈을 하세요.

⑬
```
    6 1
  - 3 8
```

⑱
```
    3 6
  - 1 8
```

㉓
```
    6 3
  - 1 5
```

⑭
```
    8 5
  - 3 6
```

⑲
```
    5 7
  - 1 8
```

㉔
```
    4 7
  - 2 9
```

⑮
```
    9 4
  - 1 5
```

⑳
```
    3 3
  - 1 7
```

㉕
```
    5 3
  - 1 4
```

⑯
```
    7 1
  - 3 4
```

㉑
```
    6 4
  - 2 9
```

㉖
```
    8 8
  - 3 9
```

⑰
```
    9 3
  - 2 4
```

㉒
```
    4 3
  - 1 9
```

㉗
```
    3 4
  - 1 8
```

09 받아내림이 있는 (두 자리 수) - (두 자리 수)

○ **83 - 17의 계산**

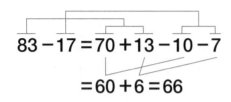

$$83 - 17 = 70 + 13 - 10 - 7$$
$$= 60 + 6 = 66$$

① 83을 70과 13으로 가르고, 17은 10과 7로 가르기 합니다.

② 70에서 10을 빼고, 13에서 7을 뺍니다.

③ 두 수를 더합니다.

원리 비법 몇십몇을 **몇십과 십몇, 몇십과 몇으로 가르기** 해!

◇ ☐ 안에 알맞은 수를 써넣으세요.

① $91 - 56 = 80 + \boxed{} - 50 - \boxed{}$
   $= \boxed{} + \boxed{} = \boxed{}$

⑤ $42 - 17 = 30 + \boxed{} - 10 - \boxed{}$
   $= \boxed{} + \boxed{} = \boxed{}$

② $33 - 18 = 20 + \boxed{} - 10 - \boxed{}$
   $= \boxed{} + \boxed{} = \boxed{}$

⑥ $81 - 23 = 70 + \boxed{} - 20 - \boxed{}$
   $= \boxed{} + \boxed{} = \boxed{}$

③ $63 - 26 = 50 + \boxed{} - 20 - \boxed{}$
   $= \boxed{} + \boxed{} = \boxed{}$

⑦ $54 - 15 = 40 + \boxed{} - 10 - \boxed{}$
   $= \boxed{} + \boxed{} = \boxed{}$

④ $72 - 59 = 60 + \boxed{} - 50 - \boxed{}$
   $= \boxed{} + \boxed{} = \boxed{}$

⑧ $73 - 47 = 60 + \boxed{} - 40 - \boxed{}$
   $= \boxed{} + \boxed{} = \boxed{}$

공부한 날짜	맞힌 개수	걸린 시간
월 일	/29	분

↻ 정답 100쪽

◆ 뺄셈을 하세요.

9 $64 - 47 =$ ☐

16 $78 - 39 =$ ☐

23 $77 - 29 =$ ☐

10 $93 - 68 =$ ☐

17 $32 - 13 =$ ☐

24 $83 - 66 =$ ☐

11 $44 - 25 =$ ☐

18 $84 - 18 =$ ☐

25 $94 - 15 =$ ☐

12 $82 - 28 =$ ☐

19 $52 - 36 =$ ☐

26 $81 - 29 =$ ☐

13 $53 - 25 =$ ☐

20 $64 - 18 =$ ☐

27 $44 - 18 =$ ☐

14 $34 - 16 =$ ☐

21 $96 - 29 =$ ☐

28 $91 - 67 =$ ☐

15 $83 - 28 =$ ☐

22 $47 - 18 =$ ☐

29 $74 - 58 =$ ☐

3. 뺄셈 **67**

10 여러 가지 방법으로 뺄셈하기

○ **45 − 19의 계산**

$$45 - 19 = 40 + 5 - 10 - 9$$
$$= 30 + 5 - 9$$
$$= 35 - 9 = 26$$

① 45를 40과 5로 가르고, 19를 10과 9로 가르기 합니다.
② 가르기 한 40에서 10을 뺍니다.
③ 나머지를 차례로 계산합니다.

> **원리 비법** 몇십몇을 모두 **몇십과 몇의 합**으로 나누어 계산해!

💡 ☐ 안에 알맞은 수를 써넣으세요.

1 31 − 17
$$= 30 + \boxed{} - 10 - \boxed{}$$
$$= 20 + \boxed{} - \boxed{}$$
$$= \boxed{} - \boxed{} = \boxed{}$$

4 71 − 56
$$= 70 + \boxed{} - 50 - \boxed{}$$
$$= 20 + \boxed{} - \boxed{}$$
$$= \boxed{} - \boxed{} = \boxed{}$$

2 92 − 23
$$= 90 + \boxed{} - 20 - \boxed{}$$
$$= 70 + \boxed{} - \boxed{}$$
$$= \boxed{} - \boxed{} = \boxed{}$$

5 61 − 45
$$= 60 + \boxed{} - 40 - \boxed{}$$
$$= 20 + \boxed{} - \boxed{}$$
$$= \boxed{} - \boxed{} = \boxed{}$$

3 84 − 29
$$= 80 + \boxed{} - 20 - \boxed{}$$
$$= 60 + \boxed{} - \boxed{}$$
$$= \boxed{} - \boxed{} = \boxed{}$$

6 42 − 24
$$= 40 + \boxed{} - 20 - \boxed{}$$
$$= 20 + \boxed{} - \boxed{}$$
$$= \boxed{} - \boxed{} = \boxed{}$$

💡 ☐ 안에 알맞은 수를 써넣으세요.

7 $46-29$

$=\boxed{}+6-\boxed{}-9$

$=\boxed{}+6-9$

$=\boxed{}-\boxed{}=\boxed{}$

8 $51-18$

$=\boxed{}+1-\boxed{}-8$

$=\boxed{}+1-8$

$=\boxed{}-\boxed{}=\boxed{}$

9 $63-48$

$=\boxed{}+3-\boxed{}-8$

$=\boxed{}+3-8$

$=\boxed{}-\boxed{}=\boxed{}$

10 $54-37$

$=\boxed{}+4-\boxed{}-7$

$=\boxed{}+4-7$

$=\boxed{}-\boxed{}=\boxed{}$

11 $82-33$

$=\boxed{}+2-\boxed{}-3$

$=\boxed{}+2-3$

$=\boxed{}-\boxed{}=\boxed{}$

12 $62-39$

$=\boxed{}+2-\boxed{}-9$

$=\boxed{}+2-9$

$=\boxed{}-\boxed{}=\boxed{}$

13 $72-26$

$=\boxed{}+2-\boxed{}-6$

$=\boxed{}+2-6$

$=\boxed{}-\boxed{}=\boxed{}$

14 $77-29$

$=\boxed{}+7-\boxed{}-9$

$=\boxed{}+7-9$

$=\boxed{}-\boxed{}=\boxed{}$

15 $35-17$

$=\boxed{}+5-\boxed{}-7$

$=\boxed{}+5-7$

$=\boxed{}-\boxed{}=\boxed{}$

16 $93-46$

$=\boxed{}+3-\boxed{}-6$

$=\boxed{}+3-6$

$=\boxed{}-\boxed{}=\boxed{}$

11 여러 가지 방법으로 뺄셈하기 B

○ 45 − 19의 계산

$$45 - 19 = 45 - 20 + 1$$
$$= 25 + 1$$
$$= 26$$

① 뒤에 있는 19를 20 − 1로 생각합니다.
② 45에서 20을 빼고, 나머지 1을 더합니다.

 뒤의 몇십몇을 **몇십**과 **몇의 차**로 나누어 계산해!

○ ☐ 안에 알맞은 수를 써넣으세요.

① 92 − 78
　= 92 − 80 + ☐
　= 12 + ☐ = ☐

⑤ 32 − 15
　= 32 − 20 + ☐
　= 12 + ☐ = ☐

② 74 − 36
　= 74 − 40 + ☐
　= 34 + ☐ = ☐

⑥ 62 − 13
　= 62 − 20 + ☐
　= 42 + ☐ = ☐

③ 44 − 18
　= 44 − 20 + ☐
　= 24 + ☐ = ☐

⑦ 85 − 47
　= 85 − 50 + ☐
　= 35 + ☐ = ☐

④ 41 − 29
　= 41 − 30 + ☐
　= 11 + ☐ = ☐

⑧ 58 − 39
　= 58 − 40 + ☐
　= 18 + ☐ = ☐

💡 ☐ 안에 알맞은 수를 써넣으세요.

9 $51-37$

$=51-\boxed{}+3$

$=\boxed{}+3=\boxed{}$

10 $66-18$

$=66-\boxed{}+2$

$=\boxed{}+2=\boxed{}$

11 $51-23$

$=51-\boxed{}+7$

$=\boxed{}+7=\boxed{}$

12 $41-14$

$=41-\boxed{}+6$

$=\boxed{}+6=\boxed{}$

13 $81-34$

$=81-\boxed{}+6$

$=\boxed{}+6=\boxed{}$

14 $71-23$

$=71-\boxed{}+7$

$=\boxed{}+7=\boxed{}$

15 $31-16$

$=31-\boxed{}+4$

$=\boxed{}+4=\boxed{}$

16 $35-16$

$=35-\boxed{}+4$

$=\boxed{}+4=\boxed{}$

17 $96-18$

$=96-\boxed{}+2$

$=\boxed{}+2=\boxed{}$

18 $63-19$

$=63-\boxed{}+1$

$=\boxed{}+1=\boxed{}$

12 여러 가지 방법으로 뺄셈하기

○**45 − 19의 계산**

$$45 - 19 = 45 - 15 - 4$$
$$= 30 - 4$$
$$= 26$$

① 뒤에 있는 19의 일의 자리 수를 5로 같게 고칩니다.
② 45에서 15를 뺀 후 4를 뺍니다.

원리 비법 두 수의 일의 자리를 **같게** 만들어 줘!

💡 ☐ 안에 알맞은 수를 써넣으세요.

① 51 − 15
= 51 − 11 − ☐
= 40 − ☐ = ☐

② 71 − 28
= 71 − 21 − ☐
= 50 − ☐ = ☐

③ 81 − 45
= 81 − 41 − ☐
= 40 − ☐ = ☐

④ 41 − 25
= 41 − 21 − ☐
= 20 − ☐ = ☐

⑤ 32 − 18
= 32 − 12 − ☐
= 20 − ☐ = ☐

⑥ 94 − 37
= 94 − 34 − ☐
= 60 − ☐ = ☐

⑦ 61 − 49
= 61 − 41 − ☐
= 20 − ☐ = ☐

⑧ 83 − 66
= 83 − 63 − ☐
= 20 − ☐ = ☐

3. 뺄셈

◆ ☐ 안에 알맞은 수를 써넣으세요.

9 $91-45$
$$=91-\boxed{}-4$$
$$=\boxed{}-4=\boxed{}$$

14 $53-39$
$$=53-\boxed{}-6$$
$$=\boxed{}-6=\boxed{}$$

10 $87-29$
$$=87-\boxed{}-2$$
$$=\boxed{}-2=\boxed{}$$

15 $73-58$
$$=73-\boxed{}-5$$
$$=\boxed{}-5=\boxed{}$$

11 $67-49$
$$=67-\boxed{}-2$$
$$=\boxed{}-2=\boxed{}$$

16 $92-45$
$$=92-\boxed{}-3$$
$$=\boxed{}-3=\boxed{}$$

12 $74-58$
$$=74-\boxed{}-4$$
$$=\boxed{}-4=\boxed{}$$

17 $37-19$
$$=37-\boxed{}-2$$
$$=\boxed{}-2=\boxed{}$$

13 $43-17$
$$=43-\boxed{}-4$$
$$=\boxed{}-4=\boxed{}$$

18 $93-35$
$$=93-\boxed{}-2$$
$$=\boxed{}-2=\boxed{}$$

13 덧셈과 뺄셈의 관계

○ 덧셈식을 뺄셈식으로 나타내기

$$27 + 8 = 35$$

$$35 - 27 = 8$$
$$35 - 8 = 27$$

➡ 하나의 덧셈식으로 두 개의 뺄셈식을 만들 수 있습니다.

원리 비법 뺄셈식을 만들려면 **가장 큰 수가 앞**으로 와야 해!

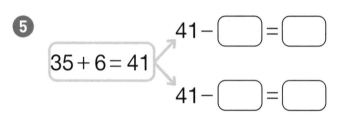 주어진 식을 보고 뺄셈식을 만드세요.

1
$$58 + 3 = 61$$
$$61 - \boxed{} = \boxed{}$$
$$61 - \boxed{} = \boxed{}$$

5
$$35 + 6 = 41$$
$$41 - \boxed{} = \boxed{}$$
$$41 - \boxed{} = \boxed{}$$

2
$$17 + 4 = 21$$
$$21 - \boxed{} = \boxed{}$$
$$21 - \boxed{} = \boxed{}$$

6
$$67 + 4 = 71$$
$$71 - \boxed{} = \boxed{}$$
$$71 - \boxed{} = \boxed{}$$

3
$$48 + 3 = 51$$
$$51 - \boxed{} = \boxed{}$$
$$51 - \boxed{} = \boxed{}$$

7
$$28 + 6 = 34$$
$$34 - \boxed{} = \boxed{}$$
$$34 - \boxed{} = \boxed{}$$

4
$$88 + 3 = 91$$
$$91 - \boxed{} = \boxed{}$$
$$91 - \boxed{} = \boxed{}$$

8
$$79 + 6 = 85$$
$$85 - \boxed{} = \boxed{}$$
$$85 - \boxed{} = \boxed{}$$

3. 빼셈

💡 주어진 식을 보고 뺄셈식을 만드세요.

9 $78+3=81$ $81-\boxed{}=\boxed{}$
$81-\boxed{}=\boxed{}$

14 $37+9=46$ $46-\boxed{}=\boxed{}$
$46-\boxed{}=\boxed{}$

10 $18+5=23$ $23-\boxed{}=\boxed{}$
$23-\boxed{}=\boxed{}$

15 $46+9=55$ $55-\boxed{}=\boxed{}$
$55-\boxed{}=\boxed{}$

11 $67+7=74$ $74-\boxed{}=\boxed{}$
$74-\boxed{}=\boxed{}$

16 $88+9=97$ $97-\boxed{}=\boxed{}$
$97-\boxed{}=\boxed{}$

12 $57+7=64$ $64-\boxed{}=\boxed{}$
$64-\boxed{}=\boxed{}$

17 $78+5=83$ $83-\boxed{}=\boxed{}$
$83-\boxed{}=\boxed{}$

13 $28+3=31$ $31-\boxed{}=\boxed{}$
$31-\boxed{}=\boxed{}$

18 $37+9=46$ $46-\boxed{}=\boxed{}$
$46-\boxed{}=\boxed{}$

14 덧셈과 뺄셈의 관계

B

○ **뺄셈식을 덧셈식으로 나타내기**

$$23 - 8 = 15$$
$$8 + 15 = 23$$
$$15 + 8 = 23$$

➡ 하나의 뺄셈식으로 두 개의 덧셈식을 만들 수 있습니다.

 덧셈식을 만들려면 **가장 큰 수가 뒤**로 가야 해!

💡 주어진 식을 보고 덧셈식을 만드세요.

1
$$51 - 4 = 47$$
$$4 + \boxed{} = \boxed{}$$
$$47 + \boxed{} = \boxed{}$$

5
$$31 - 6 = 25$$
$$6 + \boxed{} = \boxed{}$$
$$25 + \boxed{} = \boxed{}$$

2
$$71 - 8 = 63$$
$$8 + \boxed{} = \boxed{}$$
$$63 + \boxed{} = \boxed{}$$

6
$$61 - 9 = 52$$
$$9 + \boxed{} = \boxed{}$$
$$52 + \boxed{} = \boxed{}$$

3
$$26 - 8 = 18$$
$$8 + \boxed{} = \boxed{}$$
$$18 + \boxed{} = \boxed{}$$

7
$$81 - 8 = 73$$
$$8 + \boxed{} = \boxed{}$$
$$73 + \boxed{} = \boxed{}$$

4
$$41 - 3 = 38$$
$$3 + \boxed{} = \boxed{}$$
$$38 + \boxed{} = \boxed{}$$

8
$$91 - 4 = 87$$
$$4 + \boxed{} = \boxed{}$$
$$87 + \boxed{} = \boxed{}$$

◆ 주어진 식을 보고 덧셈식을 만드세요.

9

$84 - 7 = 77$

$7 + \boxed{} = \boxed{}$

$77 + \boxed{} = \boxed{}$

10

$21 - 5 = 16$

$6 + \boxed{} = \boxed{}$

$16 + \boxed{} = \boxed{}$

11

$74 - 6 = 68$

$6 + \boxed{} = \boxed{}$

$68 + \boxed{} = \boxed{}$

12

$35 - 9 = 26$

$9 + \boxed{} = \boxed{}$

$26 + \boxed{} = \boxed{}$

13

$56 - 7 = 49$

$7 + \boxed{} = \boxed{}$

$49 + \boxed{} = \boxed{}$

14

$43 - 9 = 34$

$9 + \boxed{} = \boxed{}$

$34 + \boxed{} = \boxed{}$

15

$32 - 7 = 25$

$7 + \boxed{} = \boxed{}$

$25 + \boxed{} = \boxed{}$

16

$64 - 6 = 58$

$6 + \boxed{} = \boxed{}$

$58 + \boxed{} = \boxed{}$

17

$47 - 8 = 39$

$8 + \boxed{} = \boxed{}$

$39 + \boxed{} = \boxed{}$

18

$95 - 9 = 86$

$9 + \boxed{} = \boxed{}$

$86 + \boxed{} = \boxed{}$

15 뺄셈식에서 □의 값 구하기

○ 덧셈과 뺄셈의 관계를 이용하여 뺄셈식에서 □의 값을 구하기

$$\boxed{}-7=46$$ 에서 □의 값 구하기

$$\boxed{}-7=46$$

$$46+7=\boxed{} \Rightarrow \boxed{}=53$$

원리 비법 뺄셈식을 **덧셈식으로 고친 후** □의 값을 구해!

💡 □ 안에 알맞은 수를 써넣으세요.

① $$\boxed{}-5=71$$

$$71\ +5=\boxed{}$$

② $$\boxed{}-7=44$$

$$44\ +7=\boxed{}$$

③ $$\boxed{}-8=91$$

$$91\ +8=\boxed{}$$

④ $$\boxed{}-5=81$$

$$81\ +5=\boxed{}$$

⑤ $$\boxed{}-4=33$$

$$33\ +4=\boxed{}$$

⑥ $$\boxed{}-5=63$$

$$63\ +5=\boxed{}$$

⑦ $$\boxed{}-6=21$$

$$21\ +6=\boxed{}$$

⑧ $$\boxed{}-4=52$$

$$52\ +4=\boxed{}$$

↻ 정답 101쪽

공부한 날짜	맞힌 개수	걸린 시간
월 일	/18	분

3. 뺄셈

◆ ☐ 안에 알맞은 수를 써넣으세요.

9 ☐ $-8=43$

43 $+8=$ ☐

10 ☐ $-9=28$

28 $+9=$ ☐

11 ☐ $-5=61$

61 $+5=$ ☐

12 ☐ $-8=54$

54 $+8=$ ☐

13 ☐ $-7=75$

75 $+7=$ ☐

14 ☐ $-5=13$

13 $+5=$ ☐

15 ☐ $-9=38$

38 $+9=$ ☐

16 ☐ $-6=72$

72 $+6=$ ☐

17 ☐ $-4=26$

26 $+4=$ ☐

18 ☐ $-6=83$

83 $+6=$ ☐

16 세 수의 뺄셈

○ 53 − 4 − 5의 계산

53 − 4 − 5 = 44   ① 53 − 4 = 49
　└ ① 49 ┘   ② 49 − 5 = 44
　　　└ ② 44 ┘

```
    53  ──→    49
  −  4      −   5
  ────       ────
    49         44
```

 원리 비법 **앞에서부터** 차례로 계산해!

🔆 계산을 하세요.

1 21 − 7 − 4 = ☐

```
    21  ──→   ☐
  −  7      −  4
  ──        ──
   ☐          ☐
```

5 92 − 8 − 3 = ☐

```
    92  ──→   ☐
  −  8      −  3
  ──        ──
   ☐          ☐
```

2 68 − 9 − 2 = ☐

```
    68  ──→   ☐
  −  9      −  2
  ──        ──
   ☐          ☐
```

6 42 − 5 − 4 = ☐

```
    42  ──→   ☐
  −  5      −  4
  ──        ──
   ☐          ☐
```

3 35 − 8 − 4 = ☐

```
    35  ──→   ☐
  −  8      −  4
  ──        ──
   ☐          ☐
```

7 72 − 3 − 6 = ☐

```
    72  ──→   ☐
  −  3      −  6
  ──        ──
   ☐          ☐
```

4 82 − 7 − 1 = ☐

```
    82  ──→   ☐
  −  7      −  1
  ──        ──
   ☐          ☐
```

8 51 − 7 − 2 = ☐

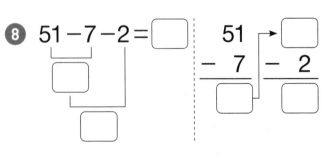

```
    51  ──→   ☐
  −  7      −  2
  ──        ──
   ☐          ☐
```

↻ 정답 101쪽

공부한 날짜	맞힌 개수	걸린 시간
월 일	/18	분

◆ 계산을 하세요.

9 41−4−4=☐

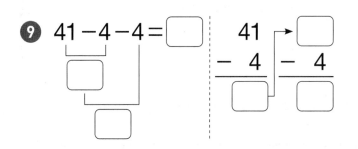

14 94−6−3=☐

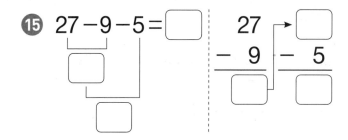

10 73−8−1=☐

15 27−9−5=☐

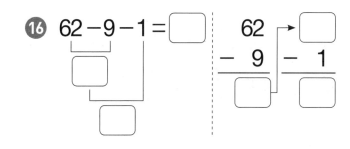

11 82−8−3=☐

16 62−9−1=☐

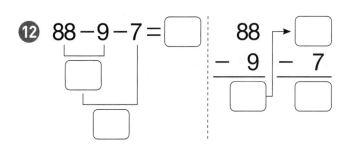

12 88−9−7=☐

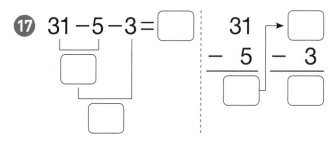

17 31−5−3=☐

13 53−5−4=☐

18 96−7−7=☐

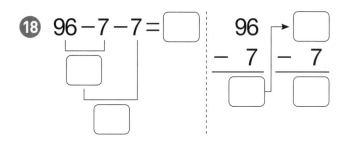

17 세 수의 덧셈과 뺄셈

○ **덧셈과 뺄셈이 섞여 있는 세 수의 계산**

$$25 + 17 - 4 = 38 \qquad 41 - 6 + 8 = 43$$

① 42   ① 35

② 38   ② 43

➡ 덧셈과 뺄셈이 섞여 있는 세 수의 계산은 앞에서부터 차례로 두 수씩 계산합니다.

원리비법 순서를 **바꿔서** 계산하면 안돼!

 ⬜ 안에 알맞은 수를 써넣으세요.

① 22 + 9 − 4 = ⬜

② 63 + 8 − 2 = ⬜

③ 43 + 8 − 6 = ⬜

④ 77 + 5 − 3 = ⬜

⑤ 85 + 7 − 1 = ⬜

⑥ 55 + 7 − 4 = ⬜

⑦ 37 + 9 − 7 = ⬜

⑧ 86 + 8 − 3 = ⬜

⟳ 정답 102쪽

공부한 날짜	맞힌 개수	걸린 시간
월 일	/18	분

💡 ☐ 안에 알맞은 수를 써넣으세요.

9 $85 - 9 + 4 =$ ☐

10 $33 - 5 + 7 =$ ☐

11 $91 - 3 + 6 =$ ☐

12 $66 - 7 + 4 =$ ☐

13 $47 - 8 + 5 =$ ☐

14 $73 - 8 + 5 =$ ☐

15 $24 - 8 + 3 =$ ☐

16 $55 - 9 + 2 =$ ☐

17 $31 - 7 + 2 =$ ☐

18 $21 - 7 + 2 =$ ☐

01 몇배인지 알아보기

○ **3의 5배 알아보기**

- 3씩 5묶음은 15입니다.
- 3씩 5묶음은 3의 5배입니다.
- 3의 5배는 15입니다.

원리 비법 ☐씩 ◯묶음 ➡ ☐의 ◯배

 그림을 보고 ☐ 안에 알맞은 수를 써넣으세요.

1 ♥♥♥♥♥♥♥♥
♥♥♥♥♥♥♥♥

- ☐씩 ☐묶음
- ☐의 ☐배

4 ♥ ♥ ♥ ♥
♥ ♥ ♥

- ☐씩 ☐묶음
- ☐의 ☐배

2

- ☐씩 ☐묶음
- ☐의 ☐배

5 ♥ ♥ ♥ ♥ ♥
♥ ♥ ♥ ♥

- ☐씩 ☐묶음
- ☐의 ☐배

3 ♥ ♥ ♥
♥ ♥ ♥
♥ ♥ ♥

- ☐씩 ☐묶음
- ☐의 ☐배

6

- ☐씩 ☐묶음
- ☐의 ☐배

공부한 날짜	맞힌 개수	걸린 시간
월 일	/20	분

💡 ☐ 안에 알맞은 수를 써넣으세요.

7 4씩 3묶음은 ☐ 입니다.

8 5씩 4묶음은 ☐ 입니다.

9 2씩 9묶음은 ☐ 입니다.

10 7씩 5묶음은 ☐ 입니다.

11 5씩 6묶음은 ☐ 입니다.

12 8씩 6묶음은 ☐ 입니다.

13 6씩 8묶음은 ☐ 입니다.

14 6의 6배는 ☐ 입니다.

15 4의 6배는 ☐ 입니다.

16 7의 7배는 ☐ 입니다.

17 3의 7배는 ☐ 입니다.

18 8의 4배는 ☐ 입니다.

19 9의 8배는 ☐ 입니다.

20 3의 5배는 ☐ 입니다.

02 곱셈식으로 나타내기

곱셈식 알아보기

• 4씩 3묶음
• 4의 3배

➡ 4×3이라 쓰고, 4 곱하기 3이라고 읽습니다.

**원리
비법** ☐의 ◯배 ➡ ☐ × ◯

 그림을 보고 ☐ 안에 알맞은 수를 써넣으세요.

❶

➡ ☐ × ☐

❺

➡ ☐ × ☐

❷

➡ ☐ × ☐

❻

➡ ☐ × ☐

❸

➡ ☐ × ☐

❼

➡ ☐ × ☐

❹

➡ ☐ × ☐

❽

➡ ☐ × ☐

↻ 정답 103쪽

💡 ☐ 안에 알맞은 수를 써넣으세요.

9 5씩 1묶음 ➡ ☐ × ☐

10 6씩 7묶음 ➡ ☐ × ☐

11 3씩 9묶음 ➡ ☐ × ☐

12 6씩 2묶음 ➡ ☐ × ☐

13 9씩 9묶음 ➡ ☐ × ☐

14 2씩 8묶음 ➡ ☐ × ☐

15 8씩 7묶음 ➡ ☐ × ☐

16 7의 9배 ➡ ☐ × ☐

17 2의 1배 ➡ ☐ × ☐

18 4의 9배 ➡ ☐ × ☐

19 5의 7배 ➡ ☐ × ☐

20 7의 6배 ➡ ☐ × ☐

21 4의 1배 ➡ ☐ × ☐

22 7의 3배 ➡ ☐ × ☐

03 곱셈식으로 나타내기

곱셈식으로 나타내기

- 덧셈식으로 나타내기: $3+3+3+3=12$
- 곱셈식으로 나타내기: $3 \times 4 = 12$

원리 비법 ☐를 ◯번 더한 값 ➡ ☐ × ◯

💡 그림을 보고 ☐ 안에 알맞은 수를 써넣으세요.

1

➡ ☐ + ☐ = ☐
☐ × ☐ = ☐

4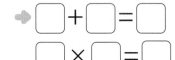

➡ ☐ + ☐ + ☐ + ☐ = ☐
☐ × ☐ = ☐

2

➡ ☐ + ☐ = ☐
☐ × ☐ = ☐

5

➡ ☐ + ☐ = ☐
☐ × ☐ = ☐

3

➡ ☐ + ☐ = ☐
☐ × ☐ = ☐

6

➡ ☐ + ☐ + ☐ + ☐ = ☐
☐ × ☐ = ☐

⤴ 정답 103쪽

💡 덧셈식을 곱셈식으로 나타내어 보세요.

7 2 + 2 + 2 = ☐

➡ ☐ × ☐ = ☐

12 2+2+2+2+2+2+2 = ☐

➡ ☐ × ☐ = ☐

8 8 + 8 + 8 + 8 = ☐

➡ ☐ × ☐ = ☐

13 5 + 5 + 5 + 5 + 5 + 5 = ☐

➡ ☐ × ☐ = ☐

9 7 + 7 + 7 + 7 = ☐

➡ ☐ × ☐ = ☐

14 6 + 6 + 6 + 6 = ☐

➡ ☐ × ☐ = ☐

10 3 + 3 + 3 + 3 + 3 = ☐

➡ ☐ × ☐ = ☐

15 8 + 8 + 8 + 8 + 8 = ☐

➡ ☐ × ☐ = ☐

11 9+9+9+9+9+9+9 = ☐

➡ ☐ × ☐ = ☐

16 4 + 4 + 4 + 4 = ☐

➡ ☐ × ☐ = ☐

최우수상

참 잘했어요!

이름 _____

위 어린이는 쌍둥이 연산 노트 2학년 1학기 과정을

스스로 꾸준히 훌륭하게 마쳤습니다.

이에 칭찬하여 이 상장을 드립니다.

년   월   일

정답

초등 3단계 2·1
예습책

1. 세 자리 수

❶ 6, 5, 2 / 3, 2, 8 / >
❷ 5, 7, 4 / 8, 1, 7 / <
❸ 7, 3, 9 / 1, 1, 7 / >
❹ 2, 4, 1 / 1, 4, 1 / >
❺ 6, 2, 8 / 7, 7, 4 / <
❻ 8, 5, 2 / 6, 7, 4 / >

15쪽

❼ >	⓮ <	㉑ <
❽ >	⓯ <	㉒ >
❾ >	⓰ >	㉓ <
❿ >	⓱ >	㉔ <
⓫ <	⓲ >	㉕ <
⓬ <	⓳ <	㉖ <
⓭ <	⓴ <	㉗ <

❶ 9, 9, 6 / 9, 2, 8 / >
❷ 8, 5, 2 / 8, 1, 7 / >
❸ 3, 6, 3 / 3, 7, 4 / <
❹ 1, 4, 1 / 1, 7, 4 / <
❺ 5, 6, 3 / 5, 9, 6 / <
❻ 6, 1, 7 / 6, 2, 8 / <

17쪽

❼ <	⓮ >	㉑ <
❽ <	⓯ <	㉒ >
❾ <	⓰ >	㉓ >
❿ <	⓱ >	㉔ >
⓫ <	⓲ <	㉕ >
⓬ >	⓳ <	㉖ <
⓭ >	⓴ <	㉗ >

2. 덧셈

01 받아올림이 있는 (두 자리 수) + (한 자리 수) A

18쪽

❶ 51	❺ 22	❾ 42
❷ 33	❻ 21	❿ 62
❸ 81	❼ 75	⓫ 33
❹ 25	❽ 52	⓬ 93

19쪽

⓭ 53	⓲ 86	㉓ 36
⓮ 33	⓳ 21	㉔ 64
⓯ 42	⓴ 93	㉕ 75
⓰ 34	㉑ 82	㉖ 67
⓱ 74	㉒ 23	㉗ 66

02 받아올림이 있는 (두 자리 수) + (한 자리 수) B

20쪽

❶ 23	❺ 57	❾ 42
❷ 35	❻ 95	❿ 62
❸ 75	❼ 37	⓫ 21
❹ 83	❽ 22	⓬ 81

21쪽

⓭ 73	⓲ 24	㉓ 33
⓮ 92	⓳ 21	㉔ 87
⓯ 32	⓴ 94	㉕ 63
⓰ 93	㉑ 52	㉖ 48
⓱ 23	㉒ 54	㉗ 86

03 받아올림이 있는 (두 자리 수) + (한 자리 수) C

22쪽

❶ 40, 11, 51	❺ 20, 16, 36	
❷ 10, 15, 25	❻ 30, 11, 41	
❸ 80, 14, 94	❼ 70, 11, 81	
❹ 60, 13, 73	❽ 10, 12, 22	

23쪽

❾ 94	⓰ 25	㉓ 42
❿ 53	⓱ 38	㉔ 32
⓫ 85	⓲ 34	㉕ 58
⓬ 21	⓳ 98	㉖ 46
⓭ 95	⓴ 62	㉗ 73
⓮ 65	㉑ 88	㉘ 22
⓯ 43	㉒ 76	㉙ 57

04 일의 자리에서 받아올림이 있는 (두 자리 수) + (두 자리 수) A

24쪽

❶ 81	❺ 91	❾ 66
❷ 37	❻ 94	❿ 80
❸ 40	❼ 92	⓫ 93
❹ 97	❽ 90	⓬ 51

25쪽

⓭ 62	⓲ 81	㉓ 63
⓮ 72	⓳ 50	㉔ 82
⓯ 96	⓴ 71	㉕ 51
⓰ 60	㉑ 91	㉖ 94
⓱ 84	㉒ 74	㉗ 92

05 일의 자리에서 받아올림이 있는 (두 자리 수) + (두 자리 수) B

26쪽

❶ 93	❺ 51	❾ 83
❷ 75	❻ 81	❿ 87
❸ 90	❼ 60	⓫ 64
❹ 73	❽ 90	⓬ 84

27쪽

⓭ 92	⓲ 61	㉓ 52
⓮ 92	⓳ 31	㉔ 94
⓯ 64	⓴ 77	㉕ 74
⓰ 73	㉑ 90	㉖ 91
⓱ 91	㉒ 92	㉗ 51

06 일의 자리에서 받아올림이 있는 (두 자리 수) + (두 자리 수) C

28쪽

❶ 70, 12, 82	❺ 60, 14, 74
❷ 80, 11, 91	❻ 80, 11, 91
❸ 80, 10, 90	❼ 20, 13, 33
❹ 70, 11, 81	❽ 80, 14, 94

29쪽

❾ 91	⓰ 61	㉓ 70
❿ 43	⓱ 91	㉔ 81
⓫ 45	⓲ 90	㉕ 81
⓬ 85	⓳ 91	㉖ 74
⓭ 72	⓴ 71	㉗ 81
⓮ 50	㉑ 94	㉘ 75
⓯ 35	㉒ 91	㉙ 83

07 십의 자리에서 받아올림이 있는 (두 자리 수) + (두 자리 수) A

30쪽

❶ 124	❺ 108	❾ 118
❷ 103	❻ 106	❿ 124
❸ 116	❼ 147	⓫ 149
❹ 119	❽ 158	⓬ 136

31쪽

⓭ 159	⓲ 108	㉓ 115
⓮ 126	⓳ 105	㉔ 117
⓯ 179	⓴ 147	㉕ 125
⓰ 138	㉑ 109	㉖ 147
⓱ 118	㉒ 108	㉗ 147

08 십의 자리에서 받아올림이 있는 (두 자리 수) + (두 자리 수) B

32쪽

❶ 114	❺ 157	❾ 119
❷ 116	❻ 127	❿ 129
❸ 124	❼ 127	⓫ 178
❹ 158	❽ 169	⓬ 119

33쪽

⓭ 113	⓲ 117	㉓ 117
⓮ 136	⓳ 139	㉔ 102
⓯ 175	⓴ 128	㉕ 117
⓰ 106	㉑ 136	㉖ 104
⓱ 147	㉒ 136	㉗ 107

09 십의 자리에서 받아올림이 있는 (두 자리 수) + (두 자리 수)

34쪽 C

❶ 120, 4, 124   ❺ 130, 6, 136
❷ 130, 9, 139   ❻ 110, 9, 119
❸ 130, 6, 136   ❼ 150, 6, 156
❹ 100, 9, 109   ❽ 130, 6, 136

35쪽

❾ 113   ⓰ 149   ㉓ 109
⓾ 107   ⓱ 102   ㉔ 109
⑪ 124   ⓲ 129   ㉕ 127
⑫ 114   ⓳ 119   ㉖ 146
⑬ 118   ⓴ 136   ㉗ 126
⑭ 119   ㉑ 169   ㉘ 129
⑮ 113   ㉒ 102   ㉙ 139

11 받아올림이 두 번 있는 (두 자리 수) + (두 자리 수)

38쪽 B

❶ 114   ❺ 122   ❾ 111
❷ 125   ❻ 127   ⓾ 124
❸ 125   ❼ 132   ⑪ 144
❹ 111   ❽ 118   ⑫ 173

39쪽

⑬ 154   ⓲ 141   ㉓ 122
⑭ 114   ⓳ 123   ㉔ 194
⑮ 172   ⓴ 125   ㉕ 142
⓰ 132   ㉑ 154   ㉖ 116
⓱ 156   ㉒ 193   ㉗ 113

10 받아올림이 두 번 있는 (두 자리 수) + (두 자리 수)

36쪽 A

❶ 152   ❺ 121   ❾ 122
❷ 112   ❻ 132   ⓾ 112
❸ 151   ❼ 122   ⑪ 144
❹ 118   ❽ 151   ⑫ 132

37쪽

⑬ 132   ⓲ 160   ㉓ 141
⑭ 133   ⓳ 144   ㉔ 111
⑮ 173   ⓴ 161   ㉕ 114
⓰ 114   ㉑ 111   ㉖ 167
⓱ 171   ㉒ 152   ㉗ 132

12 받아올림이 두 번 있는 (두 자리 수) + (두 자리 수)

40쪽 C

❶ 120, 11, 131   ❺ 100, 15, 115
❷ 110, 11, 121   ❻ 100, 14, 114
❸ 110, 14, 124   ❼ 110, 10, 120
❹ 120, 14, 134   ❽ 120, 14, 134

41쪽

❾ 112   ⓰ 178   ㉓ 111
⓾ 114   ⓱ 130   ㉔ 121
⑪ 123   ⓲ 155   ㉕ 182
⑫ 152   ⓳ 131   ㉖ 111
⑬ 128   ⓴ 135   ㉗ 136
⑭ 133   ㉑ 184   ㉘ 120
⑮ 132   ㉒ 144   ㉙ 128

42쪽 **13 여러 가지 방법으로 덧셈하기** Ⓐ

❶ 3, 9, 12, 82
❷ 5, 9, 14, 84
❸ 6, 7, 13, 93
❹ 8, 7, 15, 55

❺ 8, 7, 15, 95
❻ 5, 8, 13, 83
❼ 7, 3, 10, 40
❽ 5, 8, 13, 83

43쪽

❾ 60, 20, 80, 95
❿ 10, 40, 50, 61
⓫ 30, 40, 70, 80
⓬ 40, 20, 60, 71
⓭ 40, 30, 70, 83

⓮ 70, 10, 80, 94
⓯ 20, 40, 60, 70
⓰ 60, 20, 80, 97
⓱ 50, 10, 60, 71
⓲ 70, 10, 80, 94

44쪽 **14 여러 가지 방법으로 덧셈하기** Ⓑ

❶ 50, 77, 82
❷ 10, 73, 82
❸ 20, 59, 62
❹ 10, 63, 72

❺ 30, 49, 53
❻ 10, 56, 63
❼ 10, 87, 92
❽ 40, 69, 74

45쪽

❾ 9, 9, 91
❿ 9, 9, 81
⓫ 7, 7, 85
⓬ 6, 6, 84
⓭ 7, 7, 95

⓮ 6, 6, 92
⓯ 4, 4, 83
⓰ 7, 7, 95
⓱ 5, 5, 52
⓲ 7, 7, 61

46쪽 **15 여러 가지 방법으로 덧셈하기** Ⓒ

❶ 2, 2, 53
❷ 4, 4, 64
❸ 7, 7, 92
❹ 3, 3, 73

❺ 5, 5, 82
❻ 3, 3, 83
❼ 4, 4, 72
❽ 4, 4, 70

47쪽

❾ 20, 94, 91
❿ 40, 88, 86
⓫ 20, 43, 42
⓬ 20, 76, 73
⓭ 20, 46, 43

⓮ 50, 89, 84
⓯ 20, 49, 41
⓰ 60, 92, 91
⓱ 30, 92, 91
⓲ 80, 95, 93

48쪽 **16 세 수의 덧셈** Ⓐ

(계산 순서대로)

❶ 42, 47, 47 /
　42, 42, 47
❷ 62, 63, 63 /
　62, 62, 63
❸ 73, 77, 77 /
　73, 73, 77
❹ 31, 38, 38 /
　31, 31, 38

❺ 52, 55, 55 /
　52, 52, 55
❻ 24, 26, 26 /
　24, 24, 26
❼ 81, 84, 84 /
　81, 81, 84
❽ 93, 97, 97 /
　93, 93, 97

49쪽

❾ 22, 28, 28 /
　22, 22, 28
❿ 54, 58, 58 /
　54, 54, 58
⓫ 72, 75, 75 /
　72, 72, 75
⓬ 31, 36, 36 /
　31, 31, 36
⓭ 52, 57, 57 /
　52, 52, 57

⓮ 62, 69, 69 /
　62, 62, 69
⓯ 82, 83, 83 /
　82, 82, 83
⓰ 45, 48, 48 /
　45, 45, 48
⓱ 95, 98, 98 /
　95, 95, 98
⓲ 42, 45, 45 /
　42, 42, 45

3. 뺄셈

01 받아내림이 있는
50쪽 (두 자리 수) − (한 자리 수) Ⓐ

❶ 49   ❺ 14   ❾ 34
❷ 18   ❻ 56   ❿ 88
❸ 59   ❼ 37   ⓫ 67
❹ 27   ❽ 74   ⓬ 76

51쪽

⓭ 78   ⓲ 29   ㉓ 26
⓮ 88   ⓳ 46   ㉔ 56
⓯ 38   ⓴ 79   ㉕ 86
⓰ 79   ㉑ 24   ㉖ 45
⓱ 18   ㉒ 87   ㉗ 68

02 받아내림이 있는
52쪽 (두 자리 수) − (한 자리 수) Ⓑ

❶ 16   ❺ 48   ❾ 8
❷ 69   ❻ 24   ❿ 66
❸ 35   ❼ 76   ⓫ 28
❹ 87   ❽ 59   ⓬ 49

53쪽

⓭ 77   ⓲ 37   ㉓ 39
⓮ 18   ⓳ 18   ㉔ 49
⓯ 58   ⓴ 57   ㉕ 19
⓰ 89   ㉑ 6   ㉖ 16
⓱ 25   ㉒ 79   ㉗ 69

03 받아내림이 있는
54쪽 (두 자리 수) − (한 자리 수) Ⓒ

❶ 11, 8, 58   ❺ 13, 7, 17
❷ 11, 9, 29   ❻ 12, 8, 78
❸ 11, 7, 67   ❼ 12, 3, 53
❹ 13, 8, 48   ❽ 11, 8, 88

55쪽

❾ 14   ⓰ 77   ㉓ 8
❿ 44   ⓱ 25   ㉔ 57
⓫ 57   ⓲ 64   ㉕ 18
⓬ 86   ⓳ 39   ㉖ 38
⓭ 35   ⓴ 78   ㉗ 65
⓮ 89   ㉑ 49   ㉘ 78
⓯ 68   ㉒ 18   ㉙ 29

04 받아내림이 있는
56쪽 (몇십) − (몇십몇) Ⓐ

❶ 18   ❺ 16   ❾ 29
❷ 71   ❻ 18   ❿ 47
❸ 36   ❼ 57   ⓫ 34
❹ 55   ❽ 48   ⓬ 51

57쪽

⓭ 66   ⓲ 12   ㉓ 21
⓮ 28   ⓳ 25   ㉔ 46
⓯ 52   ⓴ 12   ㉕ 12
⓰ 11   ㉑ 22   ㉖ 53
⓱ 24   ㉒ 17   ㉗ 27

05 받아내림이 있는 (몇십) − (몇십몇)

58쪽 **B**

❶ 37	❺ 32	❾ 65
❷ 13	❻ 32	❿ 51
❸ 41	❼ 35	⓫ 16
❹ 73	❽ 22	⓬ 11

59쪽

⓭ 24	⓲ 27	㉓ 15
⓮ 12	⓳ 57	㉔ 17
⓯ 59	⓴ 13	㉕ 17
⓰ 22	㉑ 18	㉖ 16
⓱ 14	㉒ 31	㉗ 11

06 받아내림이 있는 (몇십) − (몇십몇)

60쪽 **C**

❶ 10, 7, 60, 3, 63	❺ 10, 5, 40, 5, 45
❷ 10, 3, 10, 7, 17	❻ 10, 2, 20, 8, 28
❸ 10, 5, 30, 5, 35	❼ 10, 4, 20, 6, 26
❹ 10, 4, 20, 6, 26	❽ 10, 2, 50, 8, 58

61쪽

❾ 35	⓰ 33	㉓ 35
❿ 75	⓱ 12	㉔ 27
⓫ 17	⓲ 24	㉕ 54
⓬ 32	⓳ 28	㉖ 11
⓭ 54	⓴ 23	㉗ 55
⓮ 48	㉑ 13	㉘ 46
⓯ 14	㉒ 32	㉙ 15

07 받아내림이 있는 (두 자리 수) − (두 자리 수)

62쪽 **A**

❶ 54	❺ 25	❾ 19
❷ 15	❻ 13	❿ 52
❸ 28	❼ 43	⓫ 73
❹ 39	❽ 25	⓬ 29

63쪽

⓭ 36	⓲ 29	㉓ 27
⓮ 38	⓳ 38	㉔ 32
⓯ 54	⓴ 13	㉕ 18
⓰ 17	㉑ 36	㉖ 66
⓱ 38	㉒ 45	㉗ 36

08 받아내림이 있는 (두 자리 수) − (두 자리 수)

64쪽 **B**

❶ 18	❺ 63	❾ 17
❷ 18	❻ 22	❿ 14
❸ 59	❼ 59	⓫ 12
❹ 26	❽ 48	⓬ 45

65쪽

⓭ 23	⓲ 18	㉓ 48
⓮ 49	⓳ 39	㉔ 18
⓯ 79	⓴ 16	㉕ 39
⓰ 37	㉑ 35	㉖ 49
⓱ 69	㉒ 24	㉗ 16

09 받아내림이 있는 (두 자리 수) − (두 자리 수) C

① 11, 6, 30, 5, 35
② 13, 8, 10, 5, 15
③ 13, 6, 30, 7, 37
④ 12, 9, 10, 3, 13

⑤ 12, 7, 20, 5, 25
⑥ 11, 3, 50, 8, 58
⑦ 14, 5, 30, 9, 39
⑧ 13, 7, 20, 6, 26

67쪽

⑨ 17
⑩ 25
⑪ 19
⑫ 54
⑬ 28
⑭ 18
⑮ 55

⑯ 39
⑰ 19
⑱ 66
⑲ 16
⑳ 46
㉑ 67
㉒ 29

㉓ 48
㉔ 17
㉕ 79
㉖ 52
㉗ 26
㉘ 24
㉙ 16

68쪽 ## 10 여러 가지 방법으로 뺄셈하기 A

① 1, 7, 1, 7, 21, 7, 14
② 2, 3, 2, 3, 72, 3, 69
③ 4, 9, 4, 9, 64, 9, 55

④ 1, 6, 1, 6, 21, 6, 15
⑤ 1, 5, 1, 5, 21, 5, 16
⑥ 2, 4, 2, 4, 22, 4, 18

69쪽

⑦ 40, 20, 20, 26, 9, 17
⑧ 50, 10, 40, 41, 8, 33
⑨ 60, 40, 20, 23, 8, 15
⑩ 50, 30, 20, 24, 7, 17
⑪ 80, 30, 50, 52, 3, 49

⑫ 60, 30, 30, 32, 9, 23
⑬ 70, 20, 50, 52, 6, 46
⑭ 70, 20, 50, 57, 9, 48
⑮ 30, 10, 20, 25, 7, 18
⑯ 90, 40, 50, 53, 6, 47

70쪽 ## 11 여러 가지 방법으로 뺄셈하기 B

① 2, 2, 14
② 4, 4, 38
③ 2, 2, 26
④ 1, 1, 12

⑤ 5, 5, 17
⑥ 7, 7, 49
⑦ 3, 3, 38
⑧ 1, 1, 19

71쪽

⑨ 40, 11, 14
⑩ 20, 46, 48
⑪ 30, 21, 28
⑫ 20, 21, 27
⑬ 40, 41, 47

⑭ 30, 41, 48
⑮ 20, 11, 15
⑯ 20, 15, 19
⑰ 20, 76, 78
⑱ 20, 43, 44

72쪽 ## 12 여러 가지 방법으로 뺄셈하기 C

① 4, 4, 36
② 7, 7, 43
③ 4, 4, 36
④ 4, 4, 16

⑤ 6, 6, 14
⑥ 3, 3, 57
⑦ 8, 8, 12
⑧ 3, 3, 17

73쪽

⑨ 41, 50, 46
⑩ 27, 60, 58
⑪ 47, 20, 18
⑫ 54, 20, 16
⑬ 13, 30, 26

⑭ 33, 20, 14
⑮ 53, 20, 15
⑯ 42, 50, 47
⑰ 17, 20, 18
⑱ 33, 60, 58

13 덧셈과 뺄셈의 관계 Ⓐ

❶ 58, 3 / 3, 58
❷ 17, 4 / 4, 17
❸ 48, 3 / 3, 48
❹ 88, 3 / 3, 88
❺ 35, 6 / 6, 35
❻ 67, 4 / 4, 67
❼ 28, 6 / 6, 28
❽ 79, 6 / 6, 79

❾ 78, 3 / 3, 78
❿ 18, 5 / 5, 18
⓫ 67, 7 / 7, 67
⓬ 57, 7 / 7, 57
⓭ 28, 3 / 3, 28
⓮ 37, 9 / 9, 37
⓯ 46, 9 / 9, 46
⓰ 88, 9 / 9, 88
⓱ 78, 5 / 5, 78
⓲ 37, 9 / 9, 37

14 덧셈과 뺄셈의 관계 Ⓑ

❶ 47, 51 / 4, 51
❷ 63, 71 / 8, 71
❸ 18, 26 / 8, 26
❹ 38, 41 / 3, 41
❺ 25, 31 / 6, 31
❻ 52, 61 / 9, 61
❼ 73, 81 / 8, 81
❽ 87, 91 / 4, 91

❾ 77, 84 / 7, 84
❿ 16, 21 / 5, 21
⓫ 68, 74 / 6, 74
⓬ 26, 35 / 9, 35
⓭ 49, 56 / 7, 56
⓮ 34, 43 / 9, 43
⓯ 25, 32 / 7, 32
⓰ 58, 64 / 6, 64
⓱ 39, 47 / 8, 47
⓲ 86, 95 / 9, 95

15 뺄셈식에서 □의 값 구하기 Ⓐ

❶ 76, 76
❷ 51, 51
❸ 99, 99
❹ 86, 86
❺ 37, 37
❻ 68, 68
❼ 27, 27
❽ 56, 56

❾ 51, 51
❿ 37, 37
⓫ 66, 66
⓬ 62, 62
⓭ 82, 82
⓮ 18, 18
⓯ 47, 47
⓰ 78, 78
⓱ 30, 30
⓲ 89, 89

16 세 수의 뺄셈 Ⓐ

(계산 순서대로)

❶ 14, 10, 10 /
14, 14, 10
❷ 59, 57, 57 /
59, 59, 57
❸ 27, 23, 23 /
27, 27, 23
❹ 75, 74, 74 /
75, 75, 74
❺ 84, 81, 81 /
84, 84, 81
❻ 37, 33, 33 /
37, 37, 33
❼ 69, 63, 63 /
69, 69, 63
❽ 44, 42, 42 /
44, 44, 42

❾ 37, 33, 33 /
37, 37, 33
❿ 65, 64, 64 /
65, 65, 64
⓫ 74, 71, 71 /
74, 74, 71
⓬ 79, 72, 72 /
79, 79, 72
⓭ 48, 44, 44 /
48, 48, 44
⓮ 88, 85, 85 /
88, 88, 85
⓯ 18, 13, 13 /
18, 18, 13
⓰ 53, 52, 52 /
53, 53, 52
⓱ 26, 23, 23 /
26, 26, 23
⓲ 89, 82, 82 /
89, 89, 82

17 세 수의 덧셈과 뺄셈 Ⓐ

(계산 순서대로)

❶ 31, 27, 27

❷ 71, 69, 69

❸ 51, 45, 45

❹ 82, 79, 79

❺ 92, 91, 91

❻ 62, 58, 58

❼ 46, 39, 39

❽ 94, 91, 91

❾ 76, 80, 80

❿ 28, 35, 35

⓫ 88, 94, 94

⓬ 59, 63, 63

⓭ 39, 44, 44

⓮ 65, 70, 70

⓯ 16, 19, 19

⓰ 46, 48, 48

⓱ 24, 26, 26

⓲ 14, 16, 16

4. 곱셈

84쪽 01 몇배인지 알아보기 (A)

❶ 8, 2 / 8, 2
❷ 2, 4 / 2, 4
❸ 3, 3 / 3, 3
❹ 4, 2 / 4, 2
❺ 5, 2 / 5, 2
❻ 9, 3 / 9, 3

85쪽

❼ 12
❽ 20
❾ 18
❿ 35
⓫ 30
⓬ 48
⓭ 48
⓮ 36
⓯ 24
⓰ 49
⓱ 21
⓲ 32
⓳ 72
⓴ 15

86쪽 02 곱셈식으로 나타내기 (A)

❶ 2, 6
❷ 4, 5
❸ 6, 1
❹ 7, 3
❺ 3, 6
❻ 5, 5
❼ 9, 1
❽ 8, 3

87쪽

❾ 5, 1
❿ 6, 7
⓫ 3, 9
⓬ 6, 2
⓭ 9, 9
⓮ 2, 8
⓯ 8, 7
⓰ 7, 9
⓱ 2, 1
⓲ 4, 9
⓳ 5, 7
⓴ 7, 6
㉑ 4, 1
㉒ 7, 3

88쪽 03 곱셈식으로 나타내기 (B)

❶ 2, 2, 4 /
  2, 2, 4
❷ 8, 8, 16 /
  8, 2, 16
❸ 4, 4, 8 /
  4, 2, 8
❹ 5, 5, 5, 5, 20 /
  5, 4, 20
❺ 6, 6, 12 /
  6, 2, 12
❻ 3, 3, 3, 3, 12 /
  3, 4, 12

89쪽

❼ 6 / 2, 3, 6
❽ 32 / 8, 4, 32
❾ 28 / 7, 4, 28
❿ 15 / 3, 5, 15
⓫ 63 / 9, 7, 63
⓬ 14 / 2, 7, 14
⓭ 30 / 5, 6, 30
⓮ 24 / 6, 4, 24
⓯ 40 / 8, 5, 40
⓰ 16 / 4, 4, 16

MEMO

쌤과 맘이 만든

쌍둥이 연산노트

의 책이에요!

제 품 명: 쌍둥이 연산노트
제조자명: 이젠교육
제조국명: 대한민국
제조년월: 판권에 별도 표기
사용학년: 8세 이상

※ KC마크는 이 제품이 공통안전기준에 적합하였음을 의미합니다.

값 9,500원

63410

ISBN 979-11-90880-53-4
9 791190 880534

교과서 연계 연산 강화 프로젝트
속도와 정확성을 동시에 잡는 연산 훈련서

쌤과 맘이 만든

쌍둥이 연산노트

초등 3단계

2·1

복습책

1일 2쪽
한 달 완성

이젠교육
EZEN EDUCATION

이젠수학연구소 지음

이젠수학연구소는 유아에서 초중고까지 학생들이 수학의 바른길을
찾아갈 수 있도록 수학 학습법을 연구하는 이젠교육의 수학 연구소
입니다. 수학 실력은 하루아침에 완성되지 않으며, 다양한 경험을
통해 발달합니다. 그길에 친구가 되고자 노력합니다.

복습을 하지 않으면
공부를 하지 않은 것과 같아요!

쌤과 맘이 만든

쌍둥이 연산 노트 2-1 복습책 (초등 3단계)

지 은 이	이젠수학연구소	**개발책임**	최철훈
펴 낸 이	임요병	**편 집**	㈜성지이디피
펴 낸 곳	㈜이젠미디어	**디 자 인**	이순주, 최수연
출판등록	제 2020-000073호	**제 작**	이성기
주 소	서울시 영등포구 양평로 22길 21	**마 케 팅**	김남미
	코오롱디지털타워 404호	**인스타그램**	@ezeneducation
전 화	(02)324-1600	**블 로 그**	http://blog.naver.com/ezeneducation
팩 스	(031)941-9611		

@이젠교육
ISBN 979-11-90880-53-4

쌤과 맘이 만든

쌍둥이 연산노트

초등 3단계 2·1
복습책

한눈에 보기

1학년

1학기		2학기	
단원	**학습 내용**	**단원**	**학습 내용**
9까지의 수	·9까지의 수의 순서 알기 ·수를 세어 크기 비교하기	100까지의 수	·100까지의 수의 순서 알기 ·100까지 수의 크기 비교하기
덧셈	·9까지의 수 모으기 ·합이 9까지인 덧셈하기	덧셈(1)	·(몇십몇)+(몇십몇) ·합이 한 자리 수인 세 수의 덧셈
뺄셈	·9까지의 수 가르기 ·한 자리 수의 뺄셈하기	뺄셈(1)	·(몇십몇)-(몇십몇) ·계산 결과가 한 자리 수인 세 수의 뺄셈
50까지의 수	·십몇 알고 모으기와 가르기 ·50까지의 수의 순서 알기 ·50까지의 수의 크기 비교	덧셈(2)	·세 수의 덧셈 ·받아올림이 있는 (몇)+(몇)
		뺄셈(2)	·세 수의 뺄셈 ·받아내림이 있는 (십몇)-(몇)

2학년

1학기		2학기	
단원	**학습 내용**	**단원**	**학습 내용**
세 자리 수	·세 자리 수의 자릿값 알기 ·수의 크기 비교	네 자리 수	·네 자리 수 알기 ·두 수의 크기 비교
덧셈	·받아올림이 있는 (두 자리 수)+(두 자리 수) ·세 수의 덧셈	곱셈구구	·2~9단 곱셈구구 ·1의 단, 0과 어떤 수의 곱
뺄셈	·받아내림이 있는 (두 자리 수)-(두 자리 수) ·세 수의 뺄셈	길이 재기	·길이의 합 ·길이의 차
곱셈	·몇 배인지 알아보기 ·곱셈식으로 나타내기	시각과 시간	·시각 읽기 ·시각과 분 사이의 관계 ·하루, 1주일, 달력 알기

3학년

1학기		2학기	
단원	**학습 내용**	**단원**	**학습 내용**
덧셈	·받아올림이 있는 (세 자리 수)+(세 자리 수)	곱셈	·올림이 있는 (세 자리 수)×(한 자리 수) ·올림이 있는 (몇십몇)×(몇십몇)
뺄셈	·받아내림이 있는 (세 자리 수)-(세 자리 수)		
나눗셈	·곱셈과 나눗셈의 관계 ·나눗셈의 몫 구하기	나눗셈	·나머지가 있는 (몇십몇)÷(몇) ·나머지가 있는 (세 자리 수)÷(한 자리 수)
곱셈	·올림이 있는 (몇십몇)×(몇)	분수	·진분수, 가분수, 대분수 ·대분수를 가분수로 나타내기 ·가분수를 대분수로 나타내기 ·분모가 같은 분수의 크기 비교
길이와 시간의 덧셈과 뺄셈	·길이의 덧셈과 뺄셈 ·시간의 덧셈과 뺄셈		
분수와 소수	·분모가 같은 분수의 크기 비교 ·소수의 크기 비교	들이와 무게	·들이의 덧셈과 뺄셈 ·무게의 덧셈과 뺄셈

쌍둥이 연산 노트는 수학 교과서의 연산과 관련된 모든 영역의 문제를
학교 수업 차시에 맞게 구성하였습니다.

4학년

1학기		2학기	
단원	학습 내용	단원	학습 내용
큰 수	· 다섯 자리 수 · 천만, 천억, 천조 알기 · 수의 크기 비교	분수의 덧셈	· 분모가 같은 분수의 덧셈 · 진분수 부분의 합이 1보다 큰 대분수의 덧셈
각도	· 각도의 합과 차 · 삼각형의 세 각의 크기의 합 · 사각형의 네 각의 크기의 합	분수의 뺄셈	· 분모가 같은 분수의 뺄셈 · 받아내림이 있는 대분수의 뺄셈
곱셈	· (몇백)×(몇십) · (세 자리 수)×(두 자리 수)	소수의 덧셈	· (소수 두 자리 수)＋(소수 두 자리 수) · 자릿수가 다른 소수의 덧셈
나눗셈	· (몇백몇십)÷(몇십) · (세 자리 수)÷(두 자리 수)	소수의 뺄셈	· (소수 두 자리 수)－(소수 두 자리 수) · 자릿수가 다른 소수의 뺄셈
		다각형	· 삼각형, 평행사변형, 마름모, 직사각형의 각도와 길이 구하기

5학년

1학기		2학기	
단원	학습 내용	단원	학습 내용
자연수의 혼합 계산	· 덧셈, 뺄셈, 곱셈, 나눗셈이 섞여 있는 식 계산하기	어림하기	· 올림, 버림, 반올림
약수와 배수	· 약수와 배수 · 최대공약수와 최소공배수	분수의 곱셈	· (분수)×(자연수) · (자연수)×(분수) · (분수)×(분수) · 세 분수의 곱셈
약분과 통분	· 약분과 통분 · 분수와 소수의 크기 비교		
분수의 덧셈과 뺄셈	· 받아올림이 있는 분수의 덧셈 · 받아내림이 있는 분수의 뺄셈	소수의 곱셈	· (소수)×(자연수) · (자연수)×(소수) · (소수)×(소수) · 곱의 소수점의 위치
다각형의 둘레와 넓이	· 정다각형의 둘레 · 사각형, 평행사변형, 삼각형, 마름모, 사다리꼴의 넓이	자료의 표현	· 평균 구하기

6학년

1학기		2학기	
단원	학습 내용	단원	학습 내용
분수의 나눗셈	· (자연수)÷(자연수) · (분수)÷(자연수)	분수의 나눗셈	· (진분수)÷(진분수) · (자연수)÷(분수) · (대분수)÷(대분수)
소수의 나눗셈	· (소수)÷(자연수) · (자연수)÷(자연수)	소수의 나눗셈	· (소수)÷(소수) · (자연수)÷(소수) · 몫을 반올림하여 나타내기
비와 비율	· 비와 비율 구하기 · 비율을 백분율, 백분율을 비율로 나타내기	비례식과 비례배분	· 간단한 자연수의 비로 나타내기 · 비례식과 비례배분
직육면체의 부피와 겉넓이	· 직육면체의 부피와 겉넓이 · 정육면체의 부피와 겉넓이	원주와 원의 넓이	· 원주, 지름, 반지름 구하기 · 원의 넓이 구하기

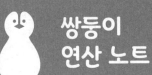

단원	학습 내용	지도 시 유의점	표준 시간
세 자리 수	01 백, 몇백 알아보기	· 10씩 몇 묶음인지 세어 보고, 10이 10개이면 100임을 이해하게 합니다. · 100씩 몇 묶음인지 세어 보고, 100이 몇 개이면 몇백인지를 이해하게 합니다.	8분
	02 세 자리 수 알아보기	100씩, 10씩, 1씩 몇 묶음인지 세어 보고, 세 자리 수는 100이 몇 개, 10이 몇 개, 1이 몇 개로 구성됨을 이해하게 합니다.	7분
	03 세 자리 수의 자릿값 알아보기	세 자리 수에서 백의 자리, 십의 자리, 일의 자리 숫자를 말하게 하고 각 자리의 숫자가 나타내는 값이 얼마인지를 이해하게 합니다.	8분
	04 뛰어 세기	1씩, 10씩, 100씩 뛰어 세기를 통해 세 자리 수의 계열을 이해하게 합니다.	8분
	05 수의 크기 비교(1)	· 세 자리 수의 크기를 비교하는 방법을 알게 합니다. · 비교한 결과를 >, <를 사용해 나타내게 합니다.	10분
	06 수의 크기 비교(2)		10분
덧셈	01 받아올림이 있는 (두 자리 수)+(한 자리 수)(1)	· 일의 자리에서 받아올림이 있는 (두 자리 수)+(한 자리 수)의 계산 원리를 이해하게 합니다. · 계산의 형식을 이해하고 익숙하게 계산하게 합니다.	13분
	02 받아올림이 있는 (두 자리 수)+(한 자리 수)(2)		13분
	03 받아올림이 있는 (두 자리 수)+(한 자리 수)(3)		13분
	04 일의 자리에서 받아올림이 있는 (두 자리 수)+(두 자리 수)(1)	· 일의 자리에서 받아올림이 있는 (두 자리 수)+(두 자리 수)의 계산 원리를 이해하게 합니다. · 계산의 형식을 이해하고 익숙하게 계산하게 합니다.	13분
	05 일의 자리에서 받아올림이 있는 (두 자리 수)+(두 자리 수)(2)		13분
	06 일의 자리에서 받아올림이 있는 (두 자리 수)+(두 자리 수)(3)		13분
	07 십의 자리에서 받아올림이 있는 (두 자리 수)+(두 자리 수)(1)	· 십의 자리에서 받아올림이 있는 (두 자리 수)+(두 자리 수)의 계산 원리를 이해하게 합니다. · 계산의 형식을 이해하고 익숙하게 계산하게 합니다.	13분
	08 십의 자리에서 받아올림이 있는 (두 자리 수)+(두 자리 수)(2)		13분
	09 십의 자리에서 받아올림이 있는 (두 자리 수)+(두 자리 수)(3)		13분
	10 받아올림이 두 번 있는 (두 자리 수)+(두 자리 수)(1)	· 일의 자리와 십의 자리에서 받아올림이 있는 (두 자리 수)+(두 자리 수)의 계산 원리를 이해하게 합니다. · 계산의 형식을 이해하고 익숙하게 계산하게 합니다.	13분
	11 받아올림이 두 번 있는 (두 자리 수)+(두 자리 수)(2)		13분
	12 받아올림이 두 번 있는 (두 자리 수)+(두 자리 수)(3)		13분
	13 여러 가지 방법으로 덧셈하기(1)	여러 가지 방법으로 덧셈을 하는 방법을 이해하게 합니다.	9분
	14 여러 가지 방법으로 덧셈하기(2)		9분
	15 여러 가지 방법으로 덧셈하기(3)		9분
	16 세 수의 덧셈	세 수의 계산 방법을 알고 덧셈을 할 수 있게 합니다.	9분

◆ 차시별 2쪽 구성으로 차시의 중요도별로 A~C단계로 2~6쪽까지 집중적으로 학습할 수 있습니다.

◆ 차시별 예습 2쪽＋복습 2쪽 구성으로 시기별로 2번 반복할 수 있습니다.

단원	학습 내용	지도 시 유의점	표준 시간
뺄셈	01 받아내림이 있는 (두 자리 수)−(한 자리 수)(1)	· 받아내림이 있는 (두 자리 수)−(한 자리 수)의 계산 원리를 이해하게 합니다. · 계산의 형식을 이해하고 익숙하게 계산하게 합니다.	13분
	02 받아내림이 있는 (두 자리 수)−(한 자리 수)(2)		13분
	03 받아내림이 있는 (두 자리 수)−(한 자리 수)(3)		13분
	04 받아내림이 있는 (몇십)−(몇십몇)(1)	· 받아내림이 있는 (몇십)−(몇십몇)의 계산 원리를 이해하게 합니다. · 계산의 형식을 이해하고 익숙하게 계산하게 합니다.	13분
	05 받아내림이 있는 (몇십)−(몇십몇)(2)		13분
	06 받아내림이 있는 (몇십)−(몇십몇)(3)		13분
	07 받아내림이 있는 (두 자리 수)−(두 자리 수)(1)	· 받아내림이 있는 (두 자리 수)−(두 자리 수)의 계산 원리를 이해하게 합니다. · 계산의 형식을 이해하고 익숙하게 계산하게 합니다.	13분
	08 받아내림이 있는 (두 자리 수)−(두 자리 수)(2)		13분
	09 받아내림이 있는 (두 자리 수)−(두 자리 수)(3)		13분
	10 여러 가지 방법으로 뺄셈하기(1)	여러 가지 방법으로 뺄셈을 하는 방법을 이해하게 합니다.	9분
	11 여러 가지 방법으로 뺄셈하기(2)		9분
	12 여러 가지 방법으로 뺄셈하기(3)		9분
	13 덧셈과 뺄셈의 관계(1)	덧셈식을 보고 뺄셈식으로 나타내거나 뺄셈식을 보고 덧셈식으로 나타내게 합니다.	9분
	14 덧셈과 뺄셈의 관계(2)		9분
	15 뺄셈식에서 □의 값 구하기	어떤 수를 □로 나타내어 □의 값을 구하게 합니다.	9분
	16 세 수의 뺄셈	세 수의 계산 방법을 알고 뺄셈을 할 수 있게 합니다.	9분
	17 세 수의 덧셈과 뺄셈	세 수의 계산 방법을 알고 계산하게 합니다.	9분
곱셈	01 몇 배인지 알아보기	몇 씩 몇 묶음을 몇의 몇 배로 나타냄으로써 배의 개념을 알 수 있게 합니다.	11분
	02 곱셈식으로 나타내기(1)	· 몇의 몇 배를 곱셈식으로 나타내게 합니다. · 곱셈식을 쓰고 읽을 수 있도록 합니다.	11분
	03 곱셈식으로 나타내기(2)		9분

01 백, 몇백 알아보기

💡 빈칸에 알맞은 수나 말을 써넣으세요.

1

수	100이 6개
쓰기	
읽기	

2

수	100이 3개
쓰기	
읽기	

3

수	100이 2개
쓰기	
읽기	

4

수	100이 7개
쓰기	
읽기	

5

수	100이 5개
쓰기	
읽기	

6

수	100이 1개
쓰기	
읽기	

7

수	100이 5개
쓰기	
읽기	

8

수	100이 8개
쓰기	
읽기	

9

수	100이 4개
쓰기	
읽기	

10

수	100이 6개
쓰기	
읽기	

↻ 정답 92쪽

💡 ☐ 안에 알맞은 수를 써넣으세요.

⑪ 100이 3개이면 ☐ 입니다.

⑱ 100이 7개이면 ☐ 입니다.

⑫ 100이 6개이면 ☐ 입니다.

⑲ 100이 8개이면 ☐ 입니다.

⑬ 100이 9개이면 ☐ 입니다.

⑳ 100이 1개이면 ☐ 입니다.

⑭ 100이 4개이면 ☐ 입니다.

㉑ 100이 2개이면 ☐ 입니다.

⑮ 100이 7개이면 ☐ 입니다.

㉒ 100이 8개이면 ☐ 입니다.

⑯ 100이 5개이면 ☐ 입니다.

㉓ 100이 3개이면 ☐ 입니다.

⑰ 100이 1개이면 ☐ 입니다.

㉔ 100이 9개이면 ☐ 입니다.

02 세 자리 수 알아보기

복습 A

💡 ☐ 안에 알맞은 수나 말을 써넣으세요.

1 100이 5개, 10이 0개, 1이 2개이면 ☐ 이고, ☐ 라고 읽습니다.
└ 500 └ 0 └ 2

2 100이 1개, 10이 1개, 1이 5개이면 ☐ 이고, ☐ 라고 읽습니다.

3 100이 7개, 10이 7개, 1이 8개이면 ☐ 이고, ☐ 이라고 읽습니다.

4 100이 6개, 10이 9개, 1이 9개이면 ☐ 이고, ☐ 라고 읽습니다.

5 100이 4개, 10이 4개, 1이 0개이면 ☐ 이고, ☐ 이라고 읽습니다.

6 100이 2개, 10이 2개, 1이 6개이면 ☐ 이고, ☐ 이라고 읽습니다.

7 100이 8개, 10이 7개, 1이 9개이면 ☐ 이고, ☐ 라고 읽습니다.

공부한 날짜	맞힌 개수	걸린 시간
월　일	/17	분

◈ ☐ 안에 알맞은 수를 써넣으세요.

8 100이 5개 ┐
　　10이 9개 ┤ 인 수는 ☐
　　　1이 8개 ┘

9 100이 1개 ┐
　　10이 4개 ┤ 인 수는 ☐
　　　1이 0개 ┘

10 100이 8개 ┐
　　10이 8개 ┤ 인 수는 ☐
　　　1이 1개 ┘

11 100이 3개 ┐
　　10이 3개 ┤ 인 수는 ☐
　　　1이 7개 ┘

12 100이 3개 ┐
　　10이 0개 ┤ 인 수는 ☐
　　　1이 5개 ┘

13 905는 ┌ 100이 ☐ 개
　　　　├ 10이 ☐ 개
　　　　└ 1이 ☐ 개

14 273은 ┌ 100이 ☐ 개
　　　　├ 10이 ☐ 개
　　　　└ 1이 ☐ 개

15 329는 ┌ 100이 ☐ 개
　　　　├ 10이 ☐ 개
　　　　└ 1이 ☐ 개

16 712는 ┌ 100이 ☐ 개
　　　　├ 10이 ☐ 개
　　　　└ 1이 ☐ 개

17 130은 ┌ 100이 ☐ 개
　　　　├ 10이 ☐ 개
　　　　└ 1이 ☐ 개

03 세 자리 수의 자릿값 알아보기

💡 빈칸에 알맞은 수를 써넣으세요.

1 172 ➡

백의 자리	십의 자리	일의 자리

172 = ☐ + ☐ + ☐

6 633 ➡

백의 자리	십의 자리	일의 자리

633 = ☐ + ☐ + ☐

2 611 ➡

백의 자리	십의 자리	일의 자리

611 = ☐ + ☐ + ☐

7 340 ➡

백의 자리	십의 자리	일의 자리

340 = ☐ + ☐ + ☐

3 464 ➡

백의 자리	십의 자리	일의 자리

464 = ☐ + ☐ + ☐

8 868 ➡

백의 자리	십의 자리	일의 자리

868 = ☐ + ☐ + ☐

4 262 ➡

백의 자리	십의 자리	일의 자리

262 = ☐ + ☐ + ☐

9 904 ➡

백의 자리	십의 자리	일의 자리

904 = ☐ + ☐ + ☐

5 745 ➡

백의 자리	십의 자리	일의 자리

745 = ☐ + ☐ + ☐

10 587 ➡

백의 자리	십의 자리	일의 자리

587 = ☐ + ☐ + ☐

⊃ 정답 92쪽

공부한 날짜	맞힌 개수	걸린 시간
월 일	/24	분

💡 ☐ 안에 알맞은 수를 써넣으세요.

⑪ 200 + 30 + 8 = ☐

⑫ 400 + 10 + 8 = ☐

⑬ 400 + 70 + 5 = ☐

⑭ 300 + 20 + 8 = ☐

⑮ 900 + 90 + 3 = ☐

⑯ 300 + 30 + 9 = ☐

⑰ 800 + 40 + 6 = ☐

⑱ 200 + 10 + 6 = ☐

⑲ 500 + 20 + 1 = ☐

⑳ 600 + 80 + 8 = ☐

㉑ 500 + 40 + 3 = ☐

㉒ 100 + 50 + 9 = ☐

㉓ 700 + 80 + 9 = ☐

㉔ 600 + 50 + 5 = ☐

04 뛰어 세기

복습 A

💡 뛰어서 센 수입니다. 빈칸에 알맞은 수를 써넣으세요.

① 219 · ☐ · ☐ · ☐ · ☐ · 269 · 279 · 289 · 299

십의 자리 숫자가 1씩 커져요.

② 186 · 286 · ☐ · 486 · 586 · ☐ · ☐ · ☐ · 986

③ 177 · 277 · 377 · 477 · 577 · ☐ · ☐ · ☐ · ☐

④ 614 · ☐ · 634 · ☐ · ☐ · 664 · ☐ · 684 · 694

⑤ ☐ · ☐ · 653 · 654 · ☐ · 656 · 657 · ☐ · 659

⑥ 159 · ☐ · 359 · 459 · ☐ · 659 · ☐ · 859 · ☐

공부한 날짜	맞힌 개수	걸린 시간
월　일	/20	분

💡 뛰어서 센 수입니다. 빈칸에 알맞은 수를 써넣으세요.

7 [　] [　] 567 577 587　　**14** 853 [　] [　] 856 857

8 307 [　] 327 [　] 347　　**15** [　] 993 994 [　] 996

9 [　] 743 744 745 [　]　　**16** 114 [　] 314 414 [　]

10 [　] [　] 849 859 869　　**17** 831 832 [　] [　] 835

11 233 [　] 235 [　] 237　　**18** [　] 267 277 287 [　]

12 718 [　] 738 748 [　]　　**19** [　] 525 [　] 527 528

13 [　] 395 495 [　] 695　　**20** 175 176 [　] 178 [　]

05 수의 크기 비교

💡 빈칸에 알맞은 숫자를 쓰고, ○ 안에 >, <를 알맞게 써넣으세요.

1

	백의 자리	십의 자리	일의 자리
863 ⇨			
541 ⇨			

863 ◯ 541

2

	백의 자리	십의 자리	일의 자리
639 ⇨			
141 ⇨			

639 ◯ 141

3

	백의 자리	십의 자리	일의 자리
452 ⇨			
228 ⇨			

452 ◯ 228

4

	백의 자리	십의 자리	일의 자리
439 ⇨			
741 ⇨			

439 ◯ 741

5

	백의 자리	십의 자리	일의 자리
641 ⇨			
952 ⇨			

641 ◯ 952

6

	백의 자리	십의 자리	일의 자리
963 ⇨			
585 ⇨			

963 ◯ 585

7

	백의 자리	십의 자리	일의 자리
717 ⇨			
328 ⇨			

717 ◯ 328

8

	백의 자리	십의 자리	일의 자리
817 ⇨			
985 ⇨			

817 ◯ 985

➲ 정답 93쪽

공부한 날짜	맞힌 개수	걸린 시간
월 일	/29	분

두 수의 크기를 비교하여 ○ 안에 >, <를 알맞게 써넣으세요.

9. 896 ○ 152

10. 596 ○ 296

11. 628 ○ 339

12. 663 ○ 185

13. 796 ○ 474

14. 285 ○ 385

15. 128 ○ 374

16. 334 ○ 879

17. 604 ○ 576

18. 835 ○ 468

19. 196 ○ 200

20. 455 ○ 532

21. 582 ○ 164

22. 746 ○ 505

23. 441 ○ 763

24. 217 ○ 685

25. 196 ○ 274

26. 428 ○ 639

27. 174 ○ 828

28. 917 ○ 896

29. 485 ○ 596

06 수의 크기 비교

복습 B

💡 빈칸에 알맞은 숫자를 쓰고, ○ 안에 >, <를 알맞게 써넣으세요.

①

	백의 자리	십의 자리	일의 자리
285 ➡			
209 ➡			

285 ◯ 209

⑤

	백의 자리	십의 자리	일의 자리
774 ➡			
785 ➡			

774 ◯ 785

②

	백의 자리	십의 자리	일의 자리
141 ➡			
117 ➡			

141 ◯ 117

⑥

	백의 자리	십의 자리	일의 자리
328 ➡			
381 ➡			

328 ◯ 381

③

	백의 자리	십의 자리	일의 자리
541 ➡			
574 ➡			

541 ◯ 574

⑦

	백의 자리	십의 자리	일의 자리
217 ➡			
252 ➡			

217 ◯ 252

④

	백의 자리	십의 자리	일의 자리
663 ➡			
696 ➡			

663 ◯ 696

⑧

	백의 자리	십의 자리	일의 자리
974 ➡			
939 ➡			

974 ◯ 939

⊃ 정답 93쪽

◈ 두 수의 크기를 비교하여 ○ 안에 >, <를 알맞게 써넣으세요.

9 317 ◯ 339

10 896 ◯ 841

11 585 ◯ 574

12 963 ◯ 941

13 474 ◯ 452

14 763 ◯ 741

15 185 ◯ 128

16 343 ◯ 392

17 616 ◯ 618

18 296 ◯ 291

19 885 ◯ 887

20 530 ◯ 509

21 756 ◯ 771

22 118 ◯ 114

23 652 ◯ 628

24 163 ◯ 152

25 796 ◯ 774

26 341 ◯ 396

27 939 ◯ 941

28 528 ◯ 596

29 685 ◯ 652

01 받아올림이 있는 (두 자리 수)＋(한 자리 수) 복습 A

💡 덧셈을 하세요.

❶

```
  1 7
+   8
───────
```

② ①
① 7 ＋ 8 ＝ 15
② 1 ＋ 1 ＝ 2

❷

```
  3 6
+   9
───────
```

❸

```
  5 3
+   9
───────
```

❹

```
  2 3
+   8
───────
```

❺

```
  4 4
+   8
───────
```

❻

```
  1 6
+   5
───────
```

❼

```
  2 9
+   3
───────
```

❽

```
  7 7
+   9
───────
```

❾

```
  6 3
+   9
───────
```

❿

```
  8 4
+   9
───────
```

⓫

```
  7 9
+   4
───────
```

⓬

```
  8 6
+   6
───────
```

⓭

```
  1 9
+   7
───────
```

⓮

```
  8 9
+   2
───────
```

⓯

```
  2 4
+   8
───────
```

↻ 정답 94쪽

공부한 날짜	맞힌 개수	걸린 시간
월 일	/30	분

🔆 덧셈을 하세요.

16
```
   7 3
 +   9
```

17
```
   2 9
 +   6
```

18
```
   6 8
 +   5
```

19
```
   5 7
 +   8
```

20
```
   1 6
 +   6
```

21
```
   1 8
 +   9
```

22
```
   5 8
 +   8
```

23
```
   2 8
 +   3
```

24
```
   7 6
 +   9
```

25
```
   8 4
 +   8
```

26
```
   3 6
 +   8
```

27
```
   4 7
 +   7
```

28
```
   8 8
 +   3
```

29
```
   3 8
 +   7
```

30
```
   1 7
 +   9
```

02 받아올림이 있는 (두 자리 수) + (한 자리 수) 복습 B

❖ 덧셈을 하세요.

① 　　6 9
　　+　　4

② 　　1 5
　　+　　8

③ 　　4 3
　　+　　9

④ 　　7 6
　　+　　8

⑤ 　　2 3
　　+　　9

⑥ 　　4 5
　　+　　6

⑦ 　　7 7
　　+　　6

⑧ 　　3 9
　　+　　4

⑨ 　　2 7
　　+　　8

⑩ 　　8 2
　　+　　9

⑪ 　　2 5
　　+　　6

⑫ 　　5 4
　　+　　9

⑬ 　　6 8
　　+　　4

⑭ 　　1 9
　　+　　4

⑮ 　　5 8
　　+　　4

◈ 덧셈을 하세요.

16
```
    8 9
+     3
_____
```

17
```
    1 6
+     8
_____
```

18
```
    6 4
+     8
_____
```

19
```
    8 9
+     8
_____
```

20
```
    2 8
+     4
_____
```

21
```
    5 5
+     6
_____
```

22
```
    5 8
+     7
_____
```

23
```
    7 7
+     8
_____
```

24
```
    7 8
+     4
_____
```

25
```
    8 7
+     6
_____
```

26
```
    2 6
+     5
_____
```

27
```
    3 5
+     8
_____
```

28
```
    4 7
+     8
_____
```

29
```
    1 9
+     9
_____
```

30
```
    3 4
+     7
_____
```

03 받아올림이 있는 (두 자리 수) + (한 자리 수)  복습 C

💡 덧셈을 하세요.

1 69 + 8 = ☐

　① 십의 자리 계산: 60
　② 일의 자리 계산: 9 + 8 = 17

2 25 + 8 = ☐

3 34 + 7 = ☐

4 54 + 7 = ☐

5 17 + 7 = ☐

6 48 + 6 = ☐

7 88 + 9 = ☐

8 49 + 7 = ☐

9 13 + 9 = ☐

10 44 + 6 = ☐

11 76 + 7 = ☐

12 87 + 9 = ☐

13 79 + 5 = ☐

14 18 + 6 = ☐

15 59 + 4 = ☐

16 18 + 8 = ☐

17 85 + 7 = ☐

18 26 + 6 = ☐

19 37 + 9 = ☐

20 56 + 5 = ☐

21 66 + 8 = ☐

⤴ 정답 94쪽

공부한 날짜	맞힌 개수	걸린 시간
월 일	/42	분

💡 덧셈을 하세요.

㉒ 88+7=

㉙ 57+7=

㊱ 26+8=

㉓ 19+2=

㉚ 34+9=

㊲ 44+9=

㉔ 86+5=

㉛ 38+9=

㊳ 55+9=

㉕ 27+6=

㉜ 17+4=

㊴ 64+9=

㉖ 68+9=

㉝ 47+5=

㊵ 14+8=

㉗ 15+9=

㉞ 46+6=

㊶ 59+8=

㉘ 46+9=

㉟ 35+7=

㊷ 85+6=

04 일의 자리에서 받아올림이 있는 (두 자리 수)+(두 자리 수)

💡 덧셈을 하세요.

1
```
  7 9
+ 1 4
```
② ①
① 9 + 4 = 13
② 1 + 7 + 1 = 9

2
```
  1 5
+ 1 9
```

3
```
  4 3
+ 2 8
```

4
```
  6 8
+ 1 8
```

5
```
  5 3
+ 3 8
```

6
```
  3 4
+ 2 7
```

7
```
  2 7
+ 4 4
```

8
```
  4 2
+ 4 9
```

9
```
  6 9
+ 1 2
```

10
```
  2 6
+ 4 5
```

11
```
  2 6
+ 6 6
```

12
```
  4 7
+ 3 5
```

13
```
  6 7
+ 1 5
```

14
```
  3 3
+ 4 9
```

15
```
  1 3
+ 5 9
```

💡 덧셈을 하세요.

⑯
```
    3  7
 +  5  4
```

㉑
```
    6  2
 +  1  9
```

㉖
```
    5  8
 +  2  6
```

⑰
```
    1  9
 +  2  3
```

㉒
```
    2  6
 +  4  8
```

㉗
```
    7  8
 +  1  9
```

⑱
```
    5  9
 +  3  4
```

㉓
```
    1  4
 +  1  7
```

㉘
```
    2  3
 +  6  8
```

⑲
```
    3  8
 +  5  6
```

㉔
```
    1  9
 +  3  6
```

㉙
```
    6  9
 +  2  3
```

⑳
```
    7  7
 +  1  4
```

㉕
```
    5  4
 +  1  8
```

㉚
```
    5  8
 +  1  8
```

2. 덧셈

05 일의 자리에서 받아올림이 있는 (두 자리 수)+(두 자리 수)

복습 B

💡 덧셈을 하세요.

❶
```
    7 7
  + 1 4
```

❷
```
    1 8
  + 7 8
```

❸
```
    5 5
  + 3 9
```

❹
```
    6 4
  + 1 7
```

❺
```
    2 8
  + 1 8
```

❻
```
    5 4
  + 2 8
```

❼
```
    3 8
  + 5 3
```

❽
```
    4 8
  + 4 8
```

❾
```
    2 6
  + 4 7
```

❿
```
    7 2
  + 1 9
```

⑪
```
    5 8
  + 1 8
```

⑫
```
    1 7
  + 4 5
```

⑬
```
    2 8
  + 2 9
```

⑭
```
    3 3
  + 3 8
```

⑮
```
    7 8
  + 1 6
```

💡 덧셈을 하세요.

16
```
    2 6
  + 4 6
```

17
```
    1 7
  + 3 4
```

18
```
    5 4
  + 1 9
```

19
```
    2 9
  + 4 7
```

20
```
    1 2
  + 3 9
```

21
```
    4 3
  + 3 8
```

22
```
    2 2
  + 1 9
```

23
```
    6 3
  + 1 8
```

24
```
    3 7
  + 4 5
```

25
```
    6 7
  + 2 9
```

26
```
    1 5
  + 5 6
```

27
```
    3 6
  + 1 7
```

28
```
    3 8
  + 2 6
```

29
```
    2 9
  + 5 6
```

30
```
    7 9
  + 1 6
```

06 일의 자리에서 받아올림이 있는 (두 자리 수)＋(두 자리 수)

💡 덧셈을 하세요.

1 35＋49 = ☐

    ① 십의 자리 계산: 30＋40 = 70
    ② 일의 자리 계산: 5＋9 = 14

2 54＋28 = ☐

3 15＋45 = ☐

4 75＋18 = ☐

5 47＋19 = ☐

6 57＋34 = ☐

7 38＋18 = ☐

8 45＋38 = ☐

9 66＋15 = ☐

10 57＋26 = ☐

11 75＋17 = ☐

12 65＋27 = ☐

13 18＋45 = ☐

14 73＋18 = ☐

15 19＋54 = ☐

16 24＋38 = ☐

17 29＋42 = ☐

18 36＋18 = ☐

19 68＋28 = ☐

20 74＋18 = ☐

21 46＋44 = ☐

정답 95쪽

공부한 날짜	맞힌 개수	걸린 시간
월 일	/42	분

덧셈을 하세요.

㉒ 47+43=☐

㉓ 19+38=☐

㉔ 23+38=☐

㉕ 36+18=☐

㉖ 76+16=☐

㉗ 42+28=☐

㉘ 28+15=☐

㉙ 52+29=☐

㉚ 67+17=☐

㉛ 78+19=☐

㉜ 67+24=☐

㉝ 16+27=☐

㉞ 57+19=☐

㉟ 56+19=☐

㊱ 27+34=☐

㊲ 39+12=☐

㊳ 49+16=☐

㊴ 27+37=☐

㊵ 74+19=☐

㊶ 38+54=☐

㊷ 65+29=☐

07 십의 자리에서 받아올림이 있는 (두 자리 수)+(두 자리 수)

💡 덧셈을 하세요.

1
```
    2 2
+   8 4
─────────
```
　　　② ①
① 2＋4＝6
② 2＋8＝10

2
```
    5 1
+   7 3
─────────
```

3
```
    3 3
+   8 2
─────────
```

4
```
    9 1
+   2 2
─────────
```

5
```
    4 3
+   9 2
─────────
```

6
```
    9 3
+   3 3
─────────
```

7
```
    6 3
+   4 1
─────────
```

8
```
    4 6
+   8 1
─────────
```

9
```
    5 2
+   8 4
─────────
```

10
```
    8 1
+   2 1
─────────
```

11
```
    5 8
+   8 1
─────────
```

12
```
    7 7
+   6 1
─────────
```

13
```
    7 3
+   3 2
─────────
```

14
```
    3 8
+   9 1
─────────
```

15
```
    8 6
+   8 1
─────────
```
복습

💡 덧셈을 하세요.

16
```
   4 4
+  8 5
───────
```

17
```
   8 4
+  3 4
───────
```

18
```
   5 4
+  9 4
───────
```

19
```
   3 5
+  9 1
───────
```

20
```
   4 2
+  7 6
───────
```

21
```
   8 1
+  3 2
───────
```

22
```
   2 8
+  8 1
───────
```

23
```
   6 3
+  6 3
───────
```

24
```
   2 5
+  8 1
───────
```

25
```
   7 6
+  4 1
───────
```

26
```
   9 2
+  6 6
───────
```

27
```
   6 7
+  8 1
───────
```

28
```
   7 1
+  3 1
───────
```

29
```
   9 3
+  9 3
───────
```

30
```
   3 5
+  7 2
───────
```

2. 덧셈

08 십의 자리에서 받아올림이 있는 (두 자리 수)＋(두 자리 수)  복습 B

◇ 덧셈을 하세요.

①
```
    2 3
 +  9 1
```

②
```
    2 7
 +  9 1
```

③
```
    5 6
 +  9 1
```

④
```
    4 8
 +  9 1
```

⑤
```
    9 8
 +  9 1
```

⑥
```
    9 3
 +  7 1
```

⑦
```
    8 3
 +  8 1
```

⑧
```
    7 5
 +  8 2
```

⑨
```
    4 1
 +  7 2
```

⑩
```
    6 2
 +  9 6
```

⑪
```
    5 1
 +  5 1
```

⑫
```
    3 2
 +  7 4
```

⑬
```
    6 7
 +  7 2
```

⑭
```
    9 4
 +  2 5
```

⑮
```
    7 2
 +  7 5
```

◈ 덧셈을 하세요.

⑯
```
    5 2
  + 5 5
```

㉑
```
    2 2
  + 8 5
```

㉖
```
    8 5
  + 3 2
```

⑰
```
    6 5
  + 7 1
```

㉒
```
    7 6
  + 3 3
```

㉗
```
    4 2
  + 6 3
```

⑱
```
    4 7
  + 9 1
```

㉓
```
    9 4
  + 8 3
```

㉘
```
    6 8
  + 7 1
```

⑲
```
    2 7
  + 8 1
```

㉔
```
    5 6
  + 7 2
```

㉙
```
    3 4
  + 8 2
```

⑳
```
    3 8
  + 9 1
```

㉕
```
    7 8
  + 9 1
```

㉚
```
    8 3
  + 4 5
```

09 십의 자리에서 받아올림이 있는 (두 자리 수) + (두 자리 수)

복습 C

💡 덧셈을 하세요.

① 72 + 32 = ☐

　① 십의 자리 계산: 70 + 30 = 100
　② 일의 자리 계산: 2 + 2 = 4

② 62 + 45 = ☐

③ 92 + 16 = ☐

④ 24 + 94 = ☐

⑤ 86 + 92 = ☐

⑥ 57 + 62 = ☐

⑦ 77 + 82 = ☐

⑧ 48 + 81 = ☐

⑨ 55 + 54 = ☐

⑩ 32 + 84 = ☐

⑪ 74 + 95 = ☐

⑫ 28 + 81 = ☐

⑬ 45 + 82 = ☐

⑭ 22 + 96 = ☐

⑮ 94 + 65 = ☐

⑯ 64 + 85 = ☐

⑰ 84 + 74 = ☐

⑱ 58 + 51 = ☐

⑲ 35 + 72 = ☐

⑳ 97 + 42 = ☐

㉑ 67 + 72 = ☐

공부한 날짜	맞힌 개수	걸린 시간
월 일	/42	분

💡 덧셈을 하세요.

㉒ 86 + 72 = ☐

㉓ 75 + 53 = ☐

㉔ 56 + 92 = ☐

㉕ 96 + 92 = ☐

㉖ 43 + 95 = ☐

㉗ 64 + 43 = ☐

㉘ 88 + 31 = ☐

㉙ 45 + 73 = ☐

㉚ 36 + 72 = ☐

㉛ 32 + 76 = ☐

㉜ 25 + 93 = ☐

㉝ 78 + 81 = ☐

㉞ 33 + 94 = ☐

㉟ 48 + 91 = ☐

㊱ 65 + 43 = ☐

㊲ 98 + 21 = ☐

㊳ 74 + 83 = ☐

㊴ 58 + 61 = ☐

㊵ 26 + 91 = ☐

㊶ 96 + 53 = ☐

㊷ 68 + 91 = ☐

2. 덧셈

10 받아올림이 두 번 있는 (두 자리 수)+(두 자리 수)

복습 A

💡 덧셈을 하세요.

1
```
    7 2
  + 3 9
```
② ①
① 2+9=11
② 1+7+3=11

2
```
    4 2
  + 6 9
```

3
```
    6 2
  + 5 8
```

4
```
    8 4
  + 7 6
```

5
```
    2 5
  + 9 6
```

6
```
    5 4
  + 5 6
```

7
```
    9 6
  + 5 5
```

8
```
    6 5
  + 9 8
```

9
```
    2 4
  + 9 8
```

10
```
    3 5
  + 7 9
```

11
```
    5 2
  + 6 8
```

12
```
    4 5
  + 7 6
```

13
```
    3 2
  + 8 8
```

14
```
    7 4
  + 9 7
```

15
```
    6 8
  + 6 5
```
복습

공부한 날짜	맞힌 개수	걸린 시간
월 일	/30	분

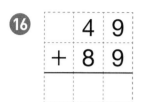 덧셈을 하세요.

⑯
```
    4 9
+   8 9
```

㉑
```
    2 6
+   9 6
```

㉖
```
    8 5
+   2 9
```

⑰
```
    6 8
+   5 4
```

㉒
```
    2 7
+   9 8
```

㉗
```
    9 4
+   6 6
```

⑱
```
    5 9
+   8 7
```

㉓
```
    4 9
+   6 7
```

㉘
```
    7 8
+   5 9
```

⑲
```
    8 8
+   3 4
```

㉔
```
    7 7
+   8 5
```

㉙
```
    3 8
+   9 9
```

⑳
```
    5 6
+   7 9
```

㉕
```
    3 6
+   9 9
```

㉚
```
    9 7
+   2 6
```

11 받아올림이 두 번 있는 (두 자리 수)+(두 자리 수)

💡 덧셈을 하세요.

①
```
    7 3
+   6 8
```

②
```
    7 8
+   6 3
```

③
```
    8 3
+   4 9
```

④
```
    4 6
+   7 5
```

⑤
```
    9 5
+   3 8
```

⑥
```
    3 6
+   8 5
```

⑦
```
    2 4
+   8 7
```

⑧
```
    5 5
+   7 9
```

⑨
```
    2 8
+   8 9
```

⑩
```
    4 7
+   6 6
```

⑪
```
    9 4
+   7 7
```

⑫
```
    6 6
+   9 9
```

⑬
```
    8 9
+   6 7
```

⑭
```
    3 7
+   8 5
```

⑮
```
    5 7
+   6 7
```

공부한 날짜	맞힌 개수	걸린 시간
월 일	/30	분

💡 덧셈을 하세요.

16
```
    9 8
+   8 4
```

21
```
    5 8
+   6 5
```

26
```
    6 9
+   8 5
```

17
```
    5 5
+   9 6
```

22
```
    3 8
+   8 4
```

27
```
    8 7
+   5 5
```

18
```
    8 6
+   9 7
```

23
```
    4 4
+   7 6
```

28
```
    7 9
+   4 8
```

19
```
    7 5
+   8 9
```

24
```
    2 2
+   8 9
```

29
```
    4 3
+   9 8
```

20
```
    3 4
+   8 8
```

25
```
    2 9
+   9 7
```

30
```
    9 2
+   1 9
```

12 받아올림이 두 번 있는 (두 자리 수)＋(두 자리 수)

💡 덧셈을 하세요.

1 $52 + 59 =$ ☐

    ① 십의 자리 계산: $50 + 50 = 100$
    ② 일의 자리 계산: $2 + 9 = 11$

2 $22 + 98 =$ ☐

3 $46 + 79 =$ ☐

4 $86 + 28 =$ ☐

5 $32 + 79 =$ ☐

6 $76 + 36 =$ ☐

7 $29 + 82 =$ ☐

8 $62 + 49 =$ ☐

9 $72 + 48 =$ ☐

10 $99 + 48 =$ ☐

11 $89 + 78 =$ ☐

12 $99 + 59 =$ ☐

13 $59 + 62 =$ ☐

14 $67 + 66 =$ ☐

15 $34 + 88 =$ ☐

16 $45 + 69 =$ ☐

17 $56 + 96 =$ ☐

18 $27 + 94 =$ ☐

19 $94 + 88 =$ ☐

20 $69 + 62 =$ ☐

21 $79 + 62 =$ ☐

공부한 날짜	맞힌 개수	걸린 시간
월 일	/42	분

◆ 덧셈을 하세요.

㉒ 95＋16 = ☐   ㉙ 66＋77 = ☐   ㊱ 48＋99 = ☐

㉓ 25＋99 = ☐   ㉚ 79＋73 = ☐   ㊲ 58＋54 = ☐

㉔ 58＋89 = ☐   ㉛ 84＋87 = ☐   ㊳ 39＋87 = ☐

㉕ 99＋73 = ☐   ㉜ 89＋92 = ☐   ㊴ 27＋85 = ☐

㉖ 39＋82 = ☐   ㉝ 64＋47 = ☐   ㊵ 77＋37 = ☐

㉗ 75＋56 = ☐   ㉞ 97＋58 = ☐   ㊶ 33＋78 = ☐

㉘ 28＋93 = ☐   ㉟ 68＋76 = ☐   ㊷ 49＋73 = ☐

13 여러 가지 방법으로 덧셈하기

💡 ☐ 안에 알맞은 수를 써넣으세요.

① 25 + 17
= 20 + ☐ + 10 + ☐
= 30 + ☐ = ☐

25 = 20 + 5, 17 = 10 + 7로 생각하여
십의 자리끼리, 일의 자리끼리 더해요.

② 26 + 37
= 20 + ☐ + 30 + ☐
= 50 + ☐ = ☐

③ 25 + 36
= 20 + ☐ + 30 + ☐
= 50 + ☐ = ☐

④ 35 + 49
= 30 + ☐ + 40 + ☐
= 70 + ☐ = ☐

⑤ 38 + 26
= 30 + ☐ + 20 + ☐
= 50 + ☐ = ☐

⑥ 55 + 17
= 50 + ☐ + 10 + ☐
= 60 + ☐ = ☐

⑦ 75 + 19
= 70 + ☐ + 10 + ☐
= 80 + ☐ = ☐

⑧ 45 + 27
= 40 + ☐ + 20 + ☐
= 60 + ☐ = ☐

⑨ 27 + 47
= 20 + ☐ + 40 + ☐
= 60 + ☐ = ☐

⑩ 64 + 28
= 60 + ☐ + 20 + ☐
= 80 + ☐ = ☐

공부한 날짜	맞힌 개수	걸린 시간
월　　일	/20	분

💡 ☐ 안에 알맞은 수를 써넣으세요.

⑪ 16＋59

= ☐ ＋6＋ ☐ ＋9

= ☐ ＋15＝ ☐

⑯ 28＋64

= ☐ ＋8＋ ☐ ＋4

= ☐ ＋12＝ ☐

⑫ 47＋18

= ☐ ＋7＋ ☐ ＋8

= ☐ ＋15＝ ☐

⑰ 66＋16

= ☐ ＋6＋ ☐ ＋6

= ☐ ＋12＝ ☐

⑬ 38＋45

= ☐ ＋8＋ ☐ ＋5

= ☐ ＋13＝ ☐

⑱ 36＋57

= ☐ ＋6＋ ☐ ＋7

= ☐ ＋13＝ ☐

⑭ 37＋27

= ☐ ＋7＋ ☐ ＋7

= ☐ ＋14＝ ☐

⑲ 78＋15

= ☐ ＋8＋ ☐ ＋5

= ☐ ＋13＝ ☐

⑮ 59＋23

= ☐ ＋9＋ ☐ ＋3

= ☐ ＋12＝ ☐

⑳ 16＋75

= ☐ ＋6＋ ☐ ＋5

= ☐ ＋11＝ ☐

14 여러 가지 방법으로 덧셈하기

💡 ☐ 안에 알맞은 수를 써넣으세요.

1 34＋37

$=34+\boxed{}+7$

$=\boxed{}+7=\boxed{}$

34에 30을 먼저 더한 후에 7을 더해요.

2 25＋28

$=25+\boxed{}+8$

$=\boxed{}+8=\boxed{}$

3 47＋44

$=47+\boxed{}+4$

$=\boxed{}+4=\boxed{}$

4 56＋27

$=56+\boxed{}+7$

$=\boxed{}+7=\boxed{}$

5 29＋16

$=29+\boxed{}+6$

$=\boxed{}+6=\boxed{}$

6 46＋37

$=46+\boxed{}+7$

$=\boxed{}+7=\boxed{}$

7 65＋29

$=65+\boxed{}+9$

$=\boxed{}+9=\boxed{}$

8 75＋18

$=75+\boxed{}+8$

$=\boxed{}+8=\boxed{}$

9 18＋73

$=18+\boxed{}+3$

$=\boxed{}+3=\boxed{}$

10 67＋24

$=67+\boxed{}+4$

$=\boxed{}+4=\boxed{}$

↻ 정답 97쪽

공부한 날짜	맞힌 개수	걸린 시간
월 일	/20	분

◆ ☐ 안에 알맞은 수를 써넣으세요.

⑪ 63＋19

  ＝63＋10＋☐

  ＝73＋☐＝☐

⑫ 74＋16

  ＝74＋10＋☐

  ＝84＋☐＝☐

⑬ 59＋18

  ＝59＋10＋☐

  ＝69＋☐＝☐

⑭ 42＋18

  ＝42＋10＋☐

  ＝52＋☐＝☐

⑮ 52＋28

  ＝52＋20＋☐

  ＝72＋☐＝☐

⑯ 17＋77

  ＝17＋70＋☐

  ＝87＋☐＝☐

⑰ 27＋45

  ＝27＋40＋☐

  ＝67＋☐＝☐

⑱ 12＋29

  ＝12＋20＋☐

  ＝32＋☐＝☐

⑲ 26＋66

  ＝26＋60＋☐

  ＝86＋☐＝☐

⑳ 39＋43

  ＝39＋40＋☐

  ＝79＋☐＝☐

15 여러 가지 방법으로 덧셈하기

💡 ☐ 안에 알맞은 수를 써넣으세요.

① 27＋56
  ＝27＋60－☐
  ＝87－☐＝☐

  56을 60으로 생각하고 계산한 후에 4를 빼요.

② 53＋38
  ＝53＋40－☐
  ＝93－☐＝☐

③ 78＋16
  ＝78＋20－☐
  ＝98－☐＝☐

④ 36＋18
  ＝36＋20－☐
  ＝56－☐＝☐

⑤ 68＋29
  ＝68＋30－☐
  ＝98－☐＝☐

⑥ 76＋19
  ＝76＋20－☐
  ＝96－☐＝☐

⑦ 47＋45
  ＝47＋50－☐
  ＝97－☐＝☐

⑧ 38＋33
  ＝38＋40－☐
  ＝78－☐＝☐

⑨ 13＋48
  ＝13＋50－☐
  ＝63－☐＝☐

⑩ 65＋16
  ＝65＋20－☐
  ＝85－☐＝☐

◆ ☐ 안에 알맞은 수를 써넣으세요.

⑪ $69+18$

$=69+\boxed{}-2$

$=\boxed{}-2=\boxed{}$

⑫ $29+13$

$=29+\boxed{}-7$

$=\boxed{}-7=\boxed{}$

⑬ $57+35$

$=57+\boxed{}-5$

$=\boxed{}-5=\boxed{}$

⑭ $48+25$

$=48+\boxed{}-5$

$=\boxed{}-5=\boxed{}$

⑮ $49+33$

$=49+\boxed{}-7$

$=\boxed{}-7=\boxed{}$

⑯ $67+17$

$=67+\boxed{}-3$

$=\boxed{}-3=\boxed{}$

⑰ $76+17$

$=76+\boxed{}-3$

$=\boxed{}-3=\boxed{}$

⑱ $33+29$

$=33+\boxed{}-1$

$=\boxed{}-1=\boxed{}$

⑲ $69+23$

$=69+\boxed{}-7$

$=\boxed{}-7=\boxed{}$

⑳ $34+19$

$=34+\boxed{}-1$

$=\boxed{}-1=\boxed{}$

16 세 수의 덧셈

💡 계산을 하세요.

① $17+5+4=\boxed{}$

$$
\begin{array}{r}
17 \\
+\ 5 \\
\hline
\end{array}
\rightarrow
\begin{array}{r}
 \\
+\ 4 \\
\hline
\end{array}
$$

② $46+5+4=\boxed{}$

$$
\begin{array}{r}
46 \\
+\ 5 \\
\hline
\end{array}
\rightarrow
\begin{array}{r}
 \\
+\ 4 \\
\hline
\end{array}
$$

③ $55+8+4=\boxed{}$

$$
\begin{array}{r}
55 \\
+\ 8 \\
\hline
\end{array}
\rightarrow
\begin{array}{r}
 \\
+\ 4 \\
\hline
\end{array}
$$

④ $36+7+5=\boxed{}$

$$
\begin{array}{r}
36 \\
+\ 7 \\
\hline
\end{array}
\rightarrow
\begin{array}{r}
 \\
+\ 5 \\
\hline
\end{array}
$$

⑤ $18+5+4=\boxed{}$

$$
\begin{array}{r}
18 \\
+\ 5 \\
\hline
\end{array}
\rightarrow
\begin{array}{r}
 \\
+\ 4 \\
\hline
\end{array}
$$

⑥ $34+8+3=\boxed{}$

$$
\begin{array}{r}
34 \\
+\ 8 \\
\hline
\end{array}
\rightarrow
\begin{array}{r}
 \\
+\ 3 \\
\hline
\end{array}
$$

⑦ $26+7+6=\boxed{}$

$$
\begin{array}{r}
26 \\
+\ 7 \\
\hline
\end{array}
\rightarrow
\begin{array}{r}
 \\
+\ 6 \\
\hline
\end{array}
$$

⑧ $68+3+5=\boxed{}$

$$
\begin{array}{r}
68 \\
+\ 3 \\
\hline
\end{array}
\rightarrow
\begin{array}{r}
 \\
+\ 5 \\
\hline
\end{array}
$$

⑨ $84+9+2=\boxed{}$

$$
\begin{array}{r}
84 \\
+\ 9 \\
\hline
\end{array}
\rightarrow
\begin{array}{r}
 \\
+\ 2 \\
\hline
\end{array}
$$

⑩ $73+8+5=\boxed{}$

$$
\begin{array}{r}
73 \\
+\ 8 \\
\hline
\end{array}
\rightarrow
\begin{array}{r}
 \\
+\ 5 \\
\hline
\end{array}
$$

공부한 날짜	맞힌 개수	걸린 시간
월 일	/20	분

💡 계산을 하세요.

⑪ $24+9+3=$ ☐

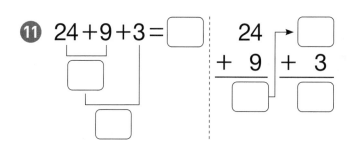

⑯ $69+5+4=$ ☐

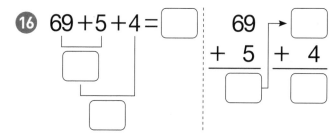

⑫ $76+6+3=$ ☐

⑰ $15+8+5=$ ☐

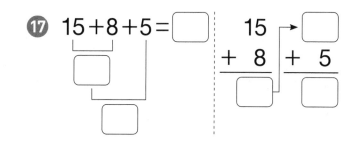

⑬ $48+8+6=$ ☐

⑱ $82+9+4=$ ☐

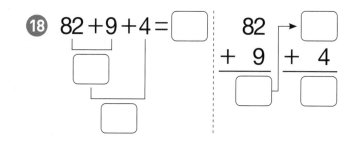

⑭ $56+5+3=$ ☐

⑲ $37+5+4=$ ☐

⑮ $46+9+5=$ ☐

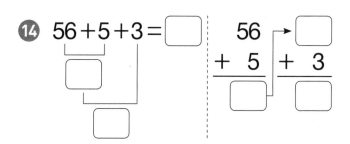

⑳ $28+8+3=$ ☐

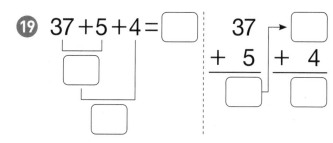

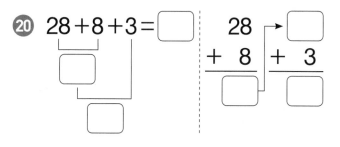

01 받아내림이 있는 (두 자리 수) − (한 자리 수)

💡 뺄셈을 하세요.

①
```
    4 2
-     6
─────────
```
② ①
① 10 + 2 − 6 = 6
② 4 − 1 = 3

②
```
    6 5
-     8
─────────
```

③
```
    9 5
-     9
─────────
```

④
```
    2 2
-     3
─────────
```

⑤
```
    8 2
-     7
─────────
```

⑥
```
    7 1
-     3
─────────
```

⑦
```
    3 2
-     9
─────────
```

⑧
```
    5 1
-     8
─────────
```

⑨
```
    6 2
-     7
─────────
```

⑩
```
    7 1
-     6
─────────
```

⑪
```
    2 2
-     4
─────────
```

⑫
```
    7 5
-     6
─────────
```

⑬
```
    9 1
-     8
─────────
```

⑭
```
    4 2
-     5
─────────
```

⑮
```
    5 1
-     5
─────────
```

공부한 날짜	맞힌 개수	걸린 시간
월 일	/30	분

💡 뺄셈을 하세요.

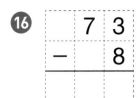

⑯
```
    7 3
-     8
```

㉑
```
    2 1
-     2
```

㉖
```
    5 6
-     8
```

⑰
```
    3 4
-     6
```

㉒
```
    8 5
-     9
```

㉗
```
    4 6
-     9
```

⑱
```
    5 4
-     8
```

㉓
```
    4 1
-     4
```

㉘
```
    9 2
-     9
```

⑲
```
    9 2
-     7
```

㉔
```
    2 5
-     9
```

㉙
```
    6 1
-     9
```

⑳
```
    3 8
-     9
```

㉕
```
    6 3
-     4
```

㉚
```
    3 3
-     5
```

02 받아내림이 있는 (두 자리 수) − (한 자리 수) 복습 B

💡 뺄셈을 하세요.

①
```
    5 3
  −   6
```

⑥
```
    2 2
  −   7
```

⑪
```
    1 2
  −   4
```

②
```
    4 7
  −   8
```

⑦
```
    6 2
  −   8
```

⑫
```
    7 1
  −   5
```

③
```
    4 4
  −   6
```

⑧
```
    8 2
  −   3
```

⑬
```
    3 7
  −   8
```

④
```
    9 4
  −   6
```

⑨
```
    5 1
  −   4
```

⑭
```
    9 2
  −   9
```

⑤
```
    3 3
  −   4
```

⑩
```
    7 4
  −   7
```

⑮
```
    5 2
  −   5
```

공부한 날짜	맞힌 개수	걸린 시간
월 일	/30	분

💡 뺄셈을 하세요.

⑯
```
    8 8
 -    9
```

㉑
```
    6 4
 -    6
```

㉖
```
    4 4
 -    5
```

⑰
```
    3 5
 -    8
```

㉒
```
    9 6
 -    8
```

㉗
```
    8 3
 -    5
```

⑱
```
    6 8
 -    9
```

㉓
```
    2 4
 -    7
```

㉘
```
    9 1
 -    7
```

⑲
```
    4 2
 -    4
```

㉔
```
    5 7
 -    9
```

㉙
```
    6 4
 -    9
```

⑳
```
    7 8
 -    9
```

㉕
```
    7 1
 -    5
```

㉚
```
    2 3
 -    8
```

03 받아내림이 있는 (두 자리 수) − (한 자리 수)

💡 ☐ 안에 알맞은 수를 써넣으세요.

1 $41 - 5 = 30 + \boxed{} - 5$
$ = 30 + \boxed{} = \boxed{}$

① 41을 30과 11로 가르기 해요.
② 가르기 한 11에서 5를 빼요.
③ 30과 11에서 5를 뺀 수를 더해요.

2 $61 - 8 = 50 + \boxed{} - 8$
$ = 50 + \boxed{} = \boxed{}$

3 $72 - 6 = 60 + \boxed{} - 6$
$ = 60 + \boxed{} = \boxed{}$

4 $81 - 8 = 70 + \boxed{} - 8$
$ = 70 + \boxed{} = \boxed{}$

5 $52 - 7 = 40 + \boxed{} - 7$
$ = 40 + \boxed{} = \boxed{}$

6 $51 - 3 = 40 + \boxed{} - 3$
$ = 40 + \boxed{} = \boxed{}$

7 $32 - 5 = 20 + \boxed{} - 5$
$ = 20 + \boxed{} = \boxed{}$

8 $46 - 9 = 30 + \boxed{} - 9$
$ = 30 + \boxed{} = \boxed{}$

9 $92 - 8 = 80 + \boxed{} - 8$
$ = 80 + \boxed{} = \boxed{}$

10 $96 - 7 = 80 + \boxed{} - 7$
$ = 80 + \boxed{} = \boxed{}$

정답 98쪽

공부한 날짜	맞힌 개수	걸린 시간
월 일	/31	분

◆ 빼셈을 하세요.

⑪ $71-7=\square$

⑱ $58-9=\square$

㉕ $13-6=\square$

⑫ $25-6=\square$

⑲ $63-5=\square$

㉖ $35-8=\square$

⑬ $91-7=\square$

⑳ $36-8=\square$

㉗ $24-7=\square$

⑭ $46-8=\square$

㉑ $81-6=\square$

㉘ $57-9=\square$

⑮ $54-7=\square$

㉒ $98-9=\square$

㉙ $75-7=\square$

⑯ $32-6=\square$

㉓ $86-8=\square$

㉚ $34-8=\square$

⑰ $66-8=\square$

㉔ $21-6=\square$

㉛ $91-3=\square$

04 받아내림이 있는 (몇십) − (몇십몇)

복습  A

💡 뺄셈을 하세요.

①
```
    3 0
-   1 9
─────────
```
```
        ②   ①
① 10 − 9 = 1
② 3 − 1 − 1 = 1
```

②
```
    6 0
-   2 5
─────────
```

③
```
    4 0
-   1 4
─────────
```

④
```
    9 0
-   2 5
─────────
```

⑤
```
    8 0
-   5 6
─────────
```

⑥
```
    9 0
-   6 1
─────────
```

⑦
```
    7 0
-   4 1
─────────
```

⑧
```
    8 0
-   5 7
─────────
```

⑨
```
    5 0
-   3 2
─────────
```

⑩
```
    7 0
-   2 7
─────────
```

⑪
```
    9 0
-   2 4
─────────
```

⑫
```
    8 0
-   2 3
─────────
```

⑬
```
    6 0
-   1 7
─────────
```

⑭
```
    9 0
-   7 9
─────────
```

⑮
```
    7 0
-   5 2
─────────
```

◆ 뺄셈을 하세요.

⑯
```
   7 0
 - 2 4
```

㉑
```
   4 0
 - 2 6
```

㉖
```
   9 0
 - 4 3
```

⑰
```
   5 0
 - 2 7
```

㉒
```
   9 0
 - 1 3
```

㉗
```
   9 0
 - 5 3
```

⑱
```
   8 0
 - 1 6
```

㉓
```
   6 0
 - 3 7
```

㉘
```
   5 0
 - 2 8
```

⑲
```
   3 0
 - 1 6
```

㉔
```
   7 0
 - 3 3
```

㉙
```
   6 0
 - 3 8
```

⑳
```
   9 0
 - 4 6
```

㉕
```
   8 0
 - 4 9
```

㉚
```
   8 0
 - 3 8
```

05 받아내림이 있는 (몇십) ─ (몇십몇)

◈ 뺄셈을 하세요.

①
```
  8 0
- 6 1
```

⑥
```
  6 0
- 3 1
```

⑪
```
  9 0
- 1 4
```

②
```
  3 0
- 1 1
```

⑦
```
  6 0
- 1 8
```

⑫
```
  8 0
- 4 2
```

③
```
  7 0
- 1 8
```

⑧
```
  5 0
- 1 6
```

⑬
```
  7 0
- 3 2
```

④
```
  9 0
- 5 2
```

⑨
```
  7 0
- 2 1
```

⑭
```
  9 0
- 4 8
```

⑤
```
  4 0
- 1 3
```

⑩
```
  9 0
- 7 7
```

⑮
```
  6 0
- 4 5
```

공부한 날짜	맞힌 개수	걸린 시간
월 일	/30	분

◆ 뺄셈을 하세요.

⑯
```
    6 0
  - 3 9
```

㉑
```
    7 0
  - 1 4
```

㉖
```
    7 0
  - 5 7
```

⑰
```
    8 0
  - 2 2
```

㉒
```
    3 0
  - 1 5
```

㉗
```
    9 0
  - 6 3
```

⑱
```
    9 0
  - 7 1
```

㉓
```
    7 0
  - 2 9
```

㉘
```
    8 0
  - 4 8
```

⑲
```
    4 0
  - 1 5
```

㉔
```
    9 0
  - 4 2
```

㉙
```
    5 0
  - 1 9
```

⑳
```
    5 0
  - 2 6
```

㉕
```
    5 0
  - 3 4
```

㉚
```
    9 0
  - 2 9
```

06 받아내림이 있는 (몇십) ─ (몇십몇)

복습 C

💡 ☐ 안에 알맞은 수를 써넣으세요.

1 $80 - 28 = 70 + \boxed{} - 20 - \boxed{}$

$= \boxed{} + \boxed{} = \boxed{}$

① 80을 70과 10으로, 28을 20과 8로 가르기 해요.
② 70에서 20을 빼고, 10에서 8을 빼요.
③ 두 결과를 더해요.

2 $40 - 23 = 30 + \boxed{} - 20 - \boxed{}$

$= \boxed{} + \boxed{} = \boxed{}$

3 $80 - 26 = 70 + \boxed{} - 20 - \boxed{}$

$= \boxed{} + \boxed{} = \boxed{}$

4 $70 - 36 = 60 + \boxed{} - 30 - \boxed{}$

$= \boxed{} + \boxed{} = \boxed{}$

5 $40 - 25 = 30 + \boxed{} - 20 - \boxed{}$

$= \boxed{} + \boxed{} = \boxed{}$

6 $90 - 49 = 80 + \boxed{} - 40 - \boxed{}$

$= \boxed{} + \boxed{} = \boxed{}$

7 $60 - 15 = 50 + \boxed{} - 10 - \boxed{}$

$= \boxed{} + \boxed{} = \boxed{}$

8 $50 - 24 = 40 + \boxed{} - 20 - \boxed{}$

$= \boxed{} + \boxed{} = \boxed{}$

9 $90 - 11 = 80 + \boxed{} - 10 - \boxed{}$

$= \boxed{} + \boxed{} = \boxed{}$

10 $70 - 51 = 60 + \boxed{} - 50 - \boxed{}$

$= \boxed{} + \boxed{} = \boxed{}$

공부한 날짜	맞힌 개수	걸린 시간
월 일	/31	분

💡 뺄셈을 하세요.

⑪ 70−49 = ☐

⑱ 80−35 = ☐

㉕ 50−11 = ☐

⑫ 90−78 = ☐

⑲ 70−31 = ☐

㉖ 70−37 = ☐

⑬ 60−44 = ☐

⑳ 40−27 = ☐

㉗ 80−13 = ☐

⑭ 50−21 = ☐

㉑ 90−54 = ☐

㉘ 90−56 = ☐

⑮ 90−23 = ☐

㉒ 60−19 = ☐

㉙ 70−28 = ☐

⑯ 80−43 = ☐

㉓ 80−46 = ☐

㉚ 50−23 = ☐

⑰ 40−21 = ☐

㉔ 90−67 = ☐

㉛ 80−31 = ☐

07 받아내림이 있는 (두 자리 수) − (두 자리 수) 복습

💡 뺄셈을 하세요.

①
```
    4 2
  − 1 3
  ───────
```
    ② ①
  ① 10 + 2 − 3 = 9
  ② 4 − 1 − 1 = 2

②
```
    6 3
  − 4 4
  ───────
```

③
```
    3 2
  − 1 9
  ───────
```

④
```
    7 2
  − 3 7
  ───────
```

⑤
```
    4 6
  − 1 8
  ───────
```

⑥
```
    3 1
  − 1 3
  ───────
```

⑦
```
    5 2
  − 2 5
  ───────
```

⑧
```
    8 1
  − 5 6
  ───────
```

⑨
```
    9 2
  − 6 7
  ───────
```

⑩
```
    6 1
  − 2 3
  ───────
```

⑪
```
    5 2
  − 1 7
  ───────
```

⑫
```
    6 4
  − 3 7
  ───────
```

⑬
```
    8 2
  − 1 7
  ───────
```

⑭
```
    4 2
  − 2 6
  ───────
```

⑮
```
    9 1
  − 1 2
  ───────
```

↻ 정답 99쪽

공부한 날짜	맞힌 개수	걸린 시간
월 일	/30	분

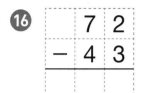 뺄셈을 하세요.

⑯
```
   7 2
 - 4 3
```

㉑
```
   4 3
 - 2 6
```

㉖
```
   9 8
 - 5 9
```

⑰
```
   9 1
 - 3 4
```

㉒
```
   6 5
 - 4 7
```

㉗
```
   7 4
 - 2 5
```

⑱
```
   5 3
 - 3 6
```

㉓
```
   7 3
 - 3 6
```

㉘
```
   5 4
 - 2 9
```

⑲
```
   8 4
 - 5 6
```

㉔
```
   3 1
 - 1 5
```

㉙
```
   8 1
 - 1 2
```

⑳
```
   3 4
 - 1 5
```

㉕
```
   4 2
 - 2 8
```

㉚
```
   3 3
 - 1 4
```

08 받아내림이 있는 (두 자리 수) − (두 자리 수) 복습 B

💡 뺄셈을 하세요.

①
```
    4 2
  − 1 5
```

②
```
    6 7
  − 3 8
```

③
```
    4 4
  − 2 9
```

④
```
    3 2
  − 1 6
```

⑤
```
    9 2
  − 3 4
```

⑥
```
    7 2
  − 1 5
```

⑦
```
    5 3
  − 2 8
```

⑧
```
    7 4
  − 1 9
```

⑨
```
    8 3
  − 5 5
```

⑩
```
    3 3
  − 1 5
```

⑪
```
    4 1
  − 1 2
```

⑫
```
    9 1
  − 6 7
```

⑬
```
    8 3
  − 3 9
```

⑭
```
    5 5
  − 1 7
```

⑮
```
    7 1
  − 1 2
```

공부한 날짜	맞힌 개수	걸린 시간
월 일	/30	분

◇ 빨셈을 하세요.

16
```
   8 7
 - 1 8
```

17
```
   6 2
 - 2 8
```

18
```
   4 1
 - 1 8
```

19
```
   7 4
 - 4 7
```

20
```
   5 1
 - 3 4
```

21
```
   3 7
 - 1 8
```

22
```
   6 2
 - 4 6
```

23
```
   5 5
 - 3 6
```

24
```
   9 4
 - 4 8
```

25
```
   3 4
 - 1 7
```

26
```
   6 1
 - 3 4
```

27
```
   8 2
 - 6 6
```

28
```
   7 2
 - 4 8
```

29
```
   4 2
 - 1 9
```

30
```
   4 8
 - 1 9
```

받아내림이 있는 (두 자리 수) − (두 자리 수)

💡 ☐ 안에 알맞은 수를 써넣으세요.

❶ $75 - 26 = 60 + \boxed{} - 20 - \boxed{}$
$= \boxed{} + \boxed{} = \boxed{}$

① 75를 60과 15로 가르고, 26을 20과 6으로 가르기 해요.
② 60에서 20을 빼고, 15에서 6을 빼요.
③ 두 수를 더해요.

❷ $33 - 16 = 20 + \boxed{} - 10 - \boxed{}$
$= \boxed{} + \boxed{} = \boxed{}$

❸ $91 - 23 = 80 + \boxed{} - 20 - \boxed{}$
$= \boxed{} + \boxed{} = \boxed{}$

❹ $41 - 27 = 30 + \boxed{} - 20 - \boxed{}$
$= \boxed{} + \boxed{} = \boxed{}$

❺ $56 - 39 = 40 + \boxed{} - 30 - \boxed{}$
$= \boxed{} + \boxed{} = \boxed{}$

❻ $82 - 55 = 70 + \boxed{} - 50 - \boxed{}$
$= \boxed{} + \boxed{} = \boxed{}$

❼ $45 - 27 = 30 + \boxed{} - 20 - \boxed{}$
$= \boxed{} + \boxed{} = \boxed{}$

❽ $61 - 12 = 50 + \boxed{} - 10 - \boxed{}$
$= \boxed{} + \boxed{} = \boxed{}$

❾ $43 - 28 = 30 + \boxed{} - 20 - \boxed{}$
$= \boxed{} + \boxed{} = \boxed{}$

❿ $71 - 45 = 60 + \boxed{} - 40 - \boxed{}$
$= \boxed{} + \boxed{} = \boxed{}$

💡 뺄셈을 하세요.

⓫ 97 − 49 = ☐

⓲ 52 − 28 = ☐

㉕ 91 − 34 = ☐

⓬ 31 − 14 = ☐

⓳ 84 − 45 = ☐

㉖ 62 − 24 = ☐

⓭ 72 − 54 = ☐

⓴ 61 − 27 = ☐

㉗ 33 − 18 = ☐

⓮ 44 − 16 = ☐

㉑ 73 − 14 = ☐

㉘ 83 − 36 = ☐

⓯ 54 − 26 = ☐

㉒ 52 − 14 = ☐

㉙ 74 − 57 = ☐

⓰ 81 − 67 = ☐

㉓ 92 − 56 = ☐

㉚ 55 − 17 = ☐

⓱ 33 − 19 = ☐

㉔ 32 − 17 = ☐

㉛ 65 − 18 = ☐

10 여러 가지 방법으로 뺄셈하기

💡 ☐ 안에 알맞은 수를 써넣으세요.

① 81−18
$=80+\boxed{}-10-\boxed{}$
$=70+\boxed{}-\boxed{}$
$=\boxed{}-\boxed{}=\boxed{}$

81을 80과 1로 가르고, 18은 10과 8로 가르기 해요.

② 35−16
$=30+\boxed{}-10-\boxed{}$
$=20+\boxed{}-\boxed{}$
$=\boxed{}-\boxed{}=\boxed{}$

③ 52−36
$=50+\boxed{}-30-\boxed{}$
$=20+\boxed{}-\boxed{}$
$=\boxed{}-\boxed{}=\boxed{}$

④ 71−28
$=70+\boxed{}-20-\boxed{}$
$=50+\boxed{}-\boxed{}$
$=\boxed{}-\boxed{}=\boxed{}$

⑤ 92−34
$=90+\boxed{}-30-\boxed{}$
$=60+\boxed{}-\boxed{}$
$=\boxed{}-\boxed{}=\boxed{}$

⑥ 31−12
$=30+\boxed{}-10-\boxed{}$
$=20+\boxed{}-\boxed{}$
$=\boxed{}-\boxed{}=\boxed{}$

⑦ 62−28
$=60+\boxed{}-20-\boxed{}$
$=40+\boxed{}-\boxed{}$
$=\boxed{}-\boxed{}=\boxed{}$

⑧ 45−27
$=40+\boxed{}-20-\boxed{}$
$=20+\boxed{}-\boxed{}$
$=\boxed{}-\boxed{}=\boxed{}$

⑨ 51−34
$=50+\boxed{}-30-\boxed{}$
$=20+\boxed{}-\boxed{}$
$=\boxed{}-\boxed{}=\boxed{}$

⑩ 82−55
$=80+\boxed{}-50-\boxed{}$
$=30+\boxed{}-\boxed{}$
$=\boxed{}-\boxed{}=\boxed{}$

◆ ▢ 안에 알맞은 수를 써넣으세요.

⑪ $74-47$

$$= \boxed{} + 4 - \boxed{} - 7$$
$$= \boxed{} + 4 - 7$$
$$= \boxed{} - \boxed{} = \boxed{}$$

⑯ $53-39$

$$= \boxed{} + 3 - \boxed{} - 9$$
$$= \boxed{} + 3 - 9$$
$$= \boxed{} - \boxed{} = \boxed{}$$

⑫ $41-29$

$$= \boxed{} + 1 - \boxed{} - 9$$
$$= \boxed{} + 1 - 9$$
$$= \boxed{} - \boxed{} = \boxed{}$$

⑰ $31-19$

$$= \boxed{} + 1 - \boxed{} - 9$$
$$= \boxed{} + 1 - 9$$
$$= \boxed{} - \boxed{} = \boxed{}$$

⑬ $41-14$

$$= \boxed{} + 1 - \boxed{} - 4$$
$$= \boxed{} + 1 - 4$$
$$= \boxed{} - \boxed{} = \boxed{}$$

⑱ $61-16$

$$= \boxed{} + 1 - \boxed{} - 6$$
$$= \boxed{} + 1 - 6$$
$$= \boxed{} - \boxed{} = \boxed{}$$

⑭ $94-59$

$$= \boxed{} + 4 - \boxed{} - 9$$
$$= \boxed{} + 4 - 9$$
$$= \boxed{} - \boxed{} = \boxed{}$$

⑲ $84-18$

$$= \boxed{} + 4 - \boxed{} - 8$$
$$= \boxed{} + 4 - 8$$
$$= \boxed{} - \boxed{} = \boxed{}$$

⑮ $61-49$

$$= \boxed{} + 1 - \boxed{} - 9$$
$$= \boxed{} + 1 - 9$$
$$= \boxed{} - \boxed{} = \boxed{}$$

⑳ $72-48$

$$= \boxed{} + 2 - \boxed{} - 8$$
$$= \boxed{} + 2 - 8$$
$$= \boxed{} - \boxed{} = \boxed{}$$

11 여러 가지 방법으로 뺄셈하기 복습 B

💡 ☐ 안에 알맞은 수를 써넣으세요.

① 81−56
=81−60+☐
=21+☐=☐
56을 60−4로 생각해요.

② 32−17
=32−20+☐
=12+☐=☐

③ 66−18
=66−20+☐
=46+☐=☐

④ 42−26
=42−30+☐
=12+☐=☐

⑤ 71−45
=71−50+☐
=21+☐=☐

⑥ 86−69
=86−70+☐
=16+☐=☐

⑦ 94−15
=94−20+☐
=74+☐=☐

⑧ 56−28
=56−30+☐
=26+☐=☐

⑨ 91−56
=91−60+☐
=31+☐=☐

⑩ 53−25
=53−30+☐
=23+☐=☐

💡 ☐ 안에 알맞은 수를 써넣으세요.

⑪ $62-46$

$=62-\boxed{}+4$

$=\boxed{}+4=\boxed{}$

⑯ $93-46$

$=93-\boxed{}+4$

$=\boxed{}+4=\boxed{}$

⑫ $83-44$

$=83-\boxed{}+6$

$=\boxed{}+6=\boxed{}$

⑰ $43-28$

$=43-\boxed{}+2$

$=\boxed{}+2=\boxed{}$

⑬ $31-15$

$=31-\boxed{}+5$

$=\boxed{}+5=\boxed{}$

⑱ $73-36$

$=73-\boxed{}+4$

$=\boxed{}+4=\boxed{}$

⑭ $51-26$

$=51-\boxed{}+4$

$=\boxed{}+4=\boxed{}$

⑲ $97-38$

$=97-\boxed{}+2$

$=\boxed{}+2=\boxed{}$

⑮ $72-15$

$=72-\boxed{}+5$

$=\boxed{}+5=\boxed{}$

⑳ $63-37$

$=63-\boxed{}+3$

$=\boxed{}+3=\boxed{}$

12 여러 가지 방법으로 뺄셈하기

🔆 □ 안에 알맞은 수를 써넣으세요.

1 64−36

=64−34−□

=30−□=□

64에서 34를 빼고 2를 더 빼요.

6 37−18

=37−17−□

=20−□=□

2 33−14

=33−13−□

=20−□=□

7 91−23

=91−21−□

=70−□=□

3 84−45

=84−44−□

=40−□=□

8 83−28

=83−23−□

=60−□=□

4 76−59

=76−56−□

=20−□=□

9 52−33

=52−32−□

=20−□=□

5 96−18

=96−16−□

=80−□=□

10 44−27

=44−24−□

=20−□=□

💡 ☐ 안에 알맞은 수를 써넣으세요.

⑪ $71-23$

$=71-\boxed{}-2$

$=\boxed{}-2=\boxed{}$

⑯ $31-17$

$=31-\boxed{}-6$

$=\boxed{}-6=\boxed{}$

⑫ $47-29$

$=47-\boxed{}-2$

$=\boxed{}-2=\boxed{}$

⑰ $92-67$

$=92-\boxed{}-5$

$=\boxed{}-5=\boxed{}$

⑬ $81-29$

$=81-\boxed{}-8$

$=\boxed{}-8=\boxed{}$

⑱ $55-36$

$=55-\boxed{}-1$

$=\boxed{}-1=\boxed{}$

⑭ $43-24$

$=43-\boxed{}-1$

$=\boxed{}-1=\boxed{}$

⑲ $93-68$

$=93-\boxed{}-5$

$=\boxed{}-5=\boxed{}$

⑮ $81-34$

$=81-\boxed{}-3$

$=\boxed{}-3=\boxed{}$

⑳ $67-49$

$=67-\boxed{}-2$

$=\boxed{}-2=\boxed{}$

13 덧셈과 뺄셈의 관계

복습 A

💡 주어진 식을 보고 뺄셈식을 만드세요.

①
$59 + 7 = 66$
$66 - \boxed{} = \boxed{}$
$66 - \boxed{} = \boxed{}$

⑥
$56 + 6 = 62$
$62 - \boxed{} = \boxed{}$
$62 - \boxed{} = \boxed{}$

②
$18 + 3 = 21$
$21 - \boxed{} = \boxed{}$
$21 - \boxed{} = \boxed{}$

⑦
$64 + 7 = 71$
$71 - \boxed{} = \boxed{}$
$71 - \boxed{} = \boxed{}$

③
$45 + 7 = 52$
$52 - \boxed{} = \boxed{}$
$52 - \boxed{} = \boxed{}$

⑧
$38 + 4 = 42$
$42 - \boxed{} = \boxed{}$
$42 - \boxed{} = \boxed{}$

④
$26 + 6 = 32$
$32 - \boxed{} = \boxed{}$
$32 - \boxed{} = \boxed{}$

⑨
$75 + 6 = 81$
$81 - \boxed{} = \boxed{}$
$81 - \boxed{} = \boxed{}$

⑤
$86 + 6 = 92$
$92 - \boxed{} = \boxed{}$
$92 - \boxed{} = \boxed{}$

⑩
$23 + 9 = 32$
$32 - \boxed{} = \boxed{}$
$32 - \boxed{} = \boxed{}$

↻ 정답 101쪽

◆ 주어진 식을 보고 뺄셈식을 만드세요.

11 $15 + 7 = 22$

$22 - \boxed{} = \boxed{}$

$22 - \boxed{} = \boxed{}$

16 $28 + 9 = 37$

$37 - \boxed{} = \boxed{}$

$37 - \boxed{} = \boxed{}$

12 $68 + 4 = 72$

$72 - \boxed{} = \boxed{}$

$72 - \boxed{} = \boxed{}$

17 $68 + 8 = 76$

$76 - \boxed{} = \boxed{}$

$76 - \boxed{} = \boxed{}$

13 $88 + 8 = 96$

$96 - \boxed{} = \boxed{}$

$96 - \boxed{} = \boxed{}$

18 $38 + 7 = 45$

$45 - \boxed{} = \boxed{}$

$45 - \boxed{} = \boxed{}$

14 $19 + 6 = 25$

$25 - \boxed{} = \boxed{}$

$25 - \boxed{} = \boxed{}$

19 $48 + 8 = 56$

$56 - \boxed{} = \boxed{}$

$56 - \boxed{} = \boxed{}$

15 $78 + 9 = 87$

$87 - \boxed{} = \boxed{}$

$87 - \boxed{} = \boxed{}$

20 $59 + 4 = 63$

$63 - \boxed{} = \boxed{}$

$63 - \boxed{} = \boxed{}$

14 # 덧셈과 뺄셈의 관계

💡 주어진 식을 보고 덧셈식을 만드세요.

1 $51 - 6 = 45$

$6 + \boxed{} = \boxed{}$

$45 + \boxed{} = \boxed{}$

6 $31 - 4 = 27$

$4 + \boxed{} = \boxed{}$

$27 + \boxed{} = \boxed{}$

2 $82 - 3 = 79$

$3 + \boxed{} = \boxed{}$

$79 + \boxed{} = \boxed{}$

7 $61 - 4 = 57$

$4 + \boxed{} = \boxed{}$

$57 + \boxed{} = \boxed{}$

3 $72 - 5 = 67$

$5 + \boxed{} = \boxed{}$

$67 + \boxed{} = \boxed{}$

8 $41 - 5 = 36$

$5 + \boxed{} = \boxed{}$

$36 + \boxed{} = \boxed{}$

4 $41 - 8 = 33$

$8 + \boxed{} = \boxed{}$

$33 + \boxed{} = \boxed{}$

9 $92 - 7 = 85$

$7 + \boxed{} = \boxed{}$

$85 + \boxed{} = \boxed{}$

5 $22 - 3 = 19$

$3 + \boxed{} = \boxed{}$

$19 + \boxed{} = \boxed{}$

10 $54 - 8 = 46$

$8 + \boxed{} = \boxed{}$

$46 + \boxed{} = \boxed{}$

💡 주어진 식을 보고 덧셈식을 만드세요.

⑪ $45 - 6 = 39$

$6 + \boxed{} = \boxed{}$

$39 + \boxed{} = \boxed{}$

⑯ $92 - 9 = 83$

$9 + \boxed{} = \boxed{}$

$83 + \boxed{} = \boxed{}$

⑫ $52 - 3 = 49$

$3 + \boxed{} = \boxed{}$

$49 + \boxed{} = \boxed{}$

⑰ $86 - 7 = 79$

$7 + \boxed{} = \boxed{}$

$79 + \boxed{} = \boxed{}$

⑬ $77 - 8 = 69$

$8 + \boxed{} = \boxed{}$

$69 + \boxed{} = \boxed{}$

⑱ $24 - 8 = 16$

$8 + \boxed{} = \boxed{}$

$16 + \boxed{} = \boxed{}$

⑭ $36 - 8 = 28$

$8 + \boxed{} = \boxed{}$

$28 + \boxed{} = \boxed{}$

⑲ $31 - 7 = 24$

$7 + \boxed{} = \boxed{}$

$24 + \boxed{} = \boxed{}$

⑮ $53 - 6 = 47$

$6 + \boxed{} = \boxed{}$

$47 + \boxed{} = \boxed{}$

⑳ $67 - 9 = 58$

$9 + \boxed{} = \boxed{}$

$58 + \boxed{} = \boxed{}$

15 뺄셈식에서 □의 값 구하기

복습 A

◇ □ 안에 알맞은 수를 써넣으세요.

1 $\boxed{}-4=81$

$81 \quad +4=\boxed{}$

6 $\boxed{}-7=41$

$41 \quad +7=\boxed{}$

2 $\boxed{}-9=65$

$65 \quad +9=\boxed{}$

7 $\boxed{}-2=91$

$91 \quad +2=\boxed{}$

3 $\boxed{}-9=48$

$48 \quad +9=\boxed{}$

8 $\boxed{}-6=23$

$23 \quad +6=\boxed{}$

4 $\boxed{}-9=76$

$76 \quad +9=\boxed{}$

9 $\boxed{}-8=32$

$32 \quad +8=\boxed{}$

5 $\boxed{}-6=55$

$55 \quad +6=\boxed{}$

10 $\boxed{}-7=54$

$54 \quad +7=\boxed{}$

➲ 정답 101쪽

공부한 날짜	맞힌 개수	걸린 시간
월 일	/20	분

💡 ☐ 안에 알맞은 수를 써넣으세요.

11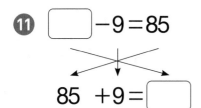

☐ −9=85

85 +9=☐

16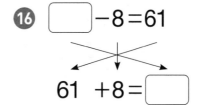

☐ −8=61

61 +8=☐

12

☐ −2=31

31 +2=☐

17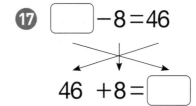

☐ −8=46

46 +8=☐

13

☐ −9=73

73 +9=☐

18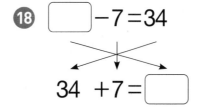

☐ −7=34

34 +7=☐

14

☐ −2=21

21 +2=☐

19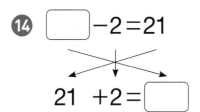

☐ −9=34

34 +9=☐

15

☐ −8=51

51 +8=☐

20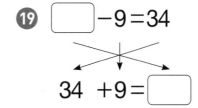

☐ −8=66

66 +8=☐

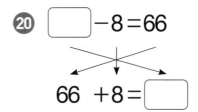

16 세 수의 뺄셈

💡 계산을 하세요.

1 22−8−1=☐

```
   22 →☐
 −  8  − 1
  ☐    ☐
```

6 62−7−4=☐

```
   62 →☐
 −  7  − 4
  ☐    ☐
```

2 71−6−3=☐

```
   71 →☐
 −  6  − 3
  ☐    ☐
```

7 33−5−4=☐

```
   33 →☐
 −  5  − 4
  ☐    ☐
```

3 51−5−3=☐

```
   51 →☐
 −  5  − 3
  ☐    ☐
```

8 52−8−3=☐

```
   52 →☐
 −  8  − 3
  ☐    ☐
```

4 42−3−7=☐

```
   42 →☐
 −  3  − 7
  ☐    ☐
```

9 24−7−5=☐

```
   24 →☐
 −  7  − 5
  ☐    ☐
```

5 94−7−6=☐

```
   94 →☐
 −  7  − 6
  ☐    ☐
```

10 81−7−2=☐

```
   81 →☐
 −  7  − 2
  ☐    ☐
```

↻ 정답 101쪽

공부한 날짜	맞힌 개수	걸린 시간
월 일	/20	분

💡 계산을 하세요.

⓫ 91 − 5 − 3 = ☐

$$\begin{array}{r} 91 \\ - 5 \end{array}$$

⓰ 65 − 8 − 5 = ☐

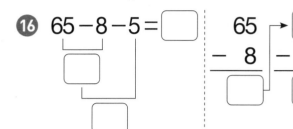

⓬ 86 − 8 − 3 = ☐

$$\begin{array}{r} 86 \\ - 8 \end{array}$$

⓱ 44 − 6 − 3 = ☐

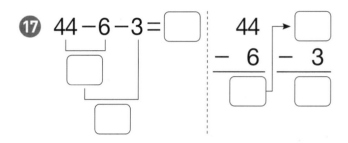

⓭ 75 − 6 − 8 = ☐

$$\begin{array}{r} 75 \\ - 6 \end{array}$$

⓲ 26 − 7 − 5 = ☐

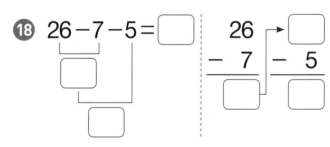

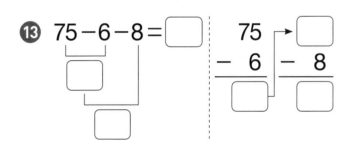

⓮ 36 − 7 − 7 = ☐

$$\begin{array}{r} 36 \\ - 7 \end{array}$$

⓳ 65 − 8 − 4 = ☐

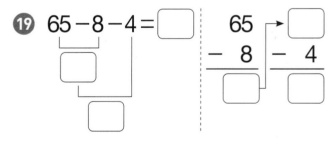

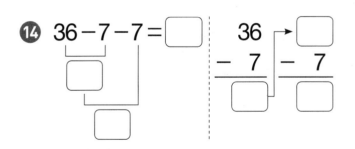

⓯ 84 − 8 − 3 = ☐

$$\begin{array}{r} 84 \\ - 8 \end{array}$$

⓴ 57 − 9 − 6 = ☐

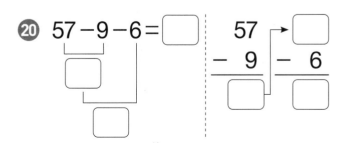

17 세 수의 덧셈과 뺄셈

💡 ☐ 안에 알맞은 수를 써넣으세요.

1 49 + 14 − 2 = ☐

2 15 + 37 − 6 = ☐

3 25 + 27 − 4 = ☐

4 45 + 16 − 7 = ☐

5 74 + 17 − 6 = ☐

6 42 + 24 − 8 = ☐

7 32 + 49 − 4 = ☐

8 54 + 17 − 2 = ☐

9 68 + 15 − 4 = ☐

10 15 + 17 − 6 = ☐

⟳ 정답 102쪽

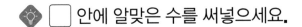

◈ ☐ 안에 알맞은 수를 써넣으세요.

⓫ $62 - 29 + 4 = \boxed{}$

⓰ $41 - 24 + 5 = \boxed{}$

⓬ $51 - 16 + 4 = \boxed{}$

⓱ $94 - 57 + 6 = \boxed{}$

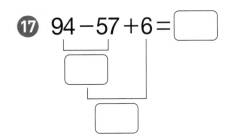

⓭ $76 - 48 + 7 = \boxed{}$

⓲ $86 - 47 + 8 = \boxed{}$

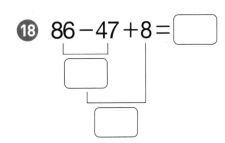

⓮ $36 - 17 + 2 = \boxed{}$

⓳ $83 - 55 + 7 = \boxed{}$

⓯ $86 - 38 + 6 = \boxed{}$

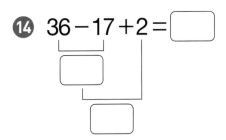

⓴ $53 - 16 + 2 = \boxed{}$

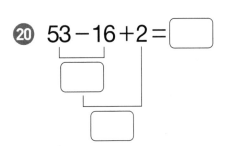

01 몇배인지 알아보기

💡 그림을 보고 ☐ 안에 알맞은 수를 써넣으세요.

①

- ☐씩 ☐묶음
- ☐의 ☐배

⑤

- ☐씩 ☐묶음
- ☐의 ☐배

②

- ☐씩 ☐묶음
- ☐의 ☐배

⑥

- ☐씩 ☐묶음
- ☐의 ☐배

③

- ☐씩 ☐묶음
- ☐의 ☐배

⑦

- ☐씩 ☐묶음
- ☐의 ☐배

④

- ☐씩 ☐묶음
- ☐의 ☐배

⑧

- ☐씩 ☐묶음
- ☐의 ☐배

⟳ 정답 103쪽

공부한 날짜	맞힌 개수	걸린 시간
월 일	/22	분

💡 ⬜ 안에 알맞은 수를 써넣으세요.

9 2씩 2묶음은 ⬜ 입니다.

10 5씩 8묶음은 ⬜ 입니다.

11 9씩 5묶음은 ⬜ 입니다.

12 5씩 9묶음은 ⬜ 입니다.

13 2씩 3묶음은 ⬜ 입니다.

14 7씩 8묶음은 ⬜ 입니다.

15 9씩 7묶음은 ⬜ 입니다.

16 8의 9배는 ⬜ 입니다.

17 6의 9배는 ⬜ 입니다.

18 3의 8배는 ⬜ 입니다.

19 6의 5배는 ⬜ 입니다.

20 9의 4배는 ⬜ 입니다.

21 4의 8배는 ⬜ 입니다.

22 8의 8배는 ⬜ 입니다.

02 곱셈식으로 나타내기

💡 그림을 보고 ☐ 안에 알맞은 수를 써넣으세요.

1 ♣ ♣ ♣
♣ ♣ ♣
♣ ♣ ♣

➡ ☐ × ☐

2 ♣ ♣ ♣ ♣ ♣ ♣ ♣ ♣
♣ ♣ ♣ ♣ ♣ ♣ ♣ ♣
♣ ♣ ♣ ♣ ♣ ♣ ♣ ♣
♣ ♣ ♣ ♣ ♣ ♣ ♣ ♣
♣ ♣ ♣ ♣ ♣ ♣ ♣ ♣

➡ ☐ × ☐

3

➡ ☐ × ☐

4 ♣ ♣ ♣ ♣ ♣ ♣
♣ ♣ ♣ ♣ ♣ ♣
♣ ♣ ♣ ♣ ♣ ♣

➡ ☐ × ☐

5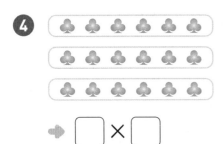

➡ ☐ × ☐

6 ♣ ♣ ♣ ♣
♣ ♣ ♣ ♣
♣ ♣ ♣ ♣

➡ ☐ × ☐

7 ♣ ♣ ♣ ♣ ♣
♣ ♣ ♣ ♣ ♣
♣ ♣ ♣ ♣ ♣

➡ ☐ × ☐

8

➡ ☐ × ☐

9 ♣ ♣ ♣ ♣ ♣ ♣ ♣ ♣ ♣
♣ ♣ ♣ ♣ ♣ ♣ ♣ ♣ ♣
♣ ♣ ♣ ♣ ♣ ♣ ♣ ♣ ♣

➡ ☐ × ☐

10 ♣ ♣ ♣ ♣ ♣ ♣ ♣ ♣ ♣
♣ ♣ ♣ ♣ ♣ ♣ ♣ ♣ ♣

➡ ☐ × ☐

↻ 정답 103쪽

공부한 날짜	맞힌 개수	걸린 시간
월 일	/26	분

💡 ☐ 안에 알맞은 수를 써넣으세요.

⑪ 5씩 9묶음 ➡ ☐ × ☐

⑫ 6씩 6묶음 ➡ ☐ × ☐

⑬ 2씩 8묶음 ➡ ☐ × ☐

⑭ 7씩 2묶음 ➡ ☐ × ☐

⑮ 3씩 8묶음 ➡ ☐ × ☐

⑯ 8씩 6묶음 ➡ ☐ × ☐

⑰ 7씩 7묶음 ➡ ☐ × ☐

⑱ 3씩 9묶음 ➡ ☐ × ☐

⑲ 4의 5배 ➡ ☐ × ☐

⑳ 9의 6배 ➡ ☐ × ☐

㉑ 9의 3배 ➡ ☐ × ☐

㉒ 4의 7배 ➡ ☐ × ☐

㉓ 6의 9배 ➡ ☐ × ☐

㉔ 8의 9배 ➡ ☐ × ☐

㉕ 2의 6배 ➡ ☐ × ☐

㉖ 5의 2배 ➡ ☐ × ☐

03 곱셈식으로 나타내기

복습 B

💡 그림을 보고 ☐ 안에 알맞은 수를 써넣으세요.

1 ♠♠ ♠♠ ♠♠

➡ ☐+☐+☐=☐
☐×☐=☐

2 ♠♠♠♠♠♠♠♠♠♠
♠♠♠♠♠♠♠♠♠♠
♠♠♠♠♠♠♠♠♠♠

➡ ☐+☐+☐=☐
☐×☐=☐

3 ♠♠♠♠
♠♠♠♠
♠♠♠♠

➡ ☐+☐+☐=☐
☐×☐=☐

4 ♠♠♠♠
♠♠♠♠

➡ ☐+☐=☐
☐×☐=☐

5 ♣♣♣♣♣♣
♣♣♣♣♣♣

➡ ☐+☐=☐
☐×☐=☐

6 ♠♠♠♠♠♠♠
♠♠♠♠♠♠♠
♠♠♠♠♠♠♠

➡ ☐+☐+☐=☐
☐×☐=☐

7 ♠♠♠ ♠♠♠
♠♠♠ ♠♠♠

➡ ☐+☐+☐+☐=☐
☐×☐=☐

8 ♠♠♠♠♠♠♠♠
♠♠♠♠♠♠♠♠

➡ ☐+☐=☐
☐×☐=☐

정답 103쪽

공부한 날짜	맞힌 개수	걸린 시간
월 일	/18	분

덧셈식을 곱셈식으로 나타내어 보세요.

9 $2+2+2+2=\square$

➡ $\square \times \square = \square$

14 $3+3+3=\square$

➡ $\square \times \square = \square$

10 $3+3+3+3+3=\square$

➡ $\square \times \square = \square$

15 $8+8+8=\square$

➡ $\square \times \square = \square$

11 $4+4+4+4+4=\square$

➡ $\square \times \square = \square$

16 $9+9+9+9=\square$

➡ $\square \times \square = \square$

12 $9+9=\square$

➡ $\square \times \square = \square$

17 $5+5+5=\square$

➡ $\square \times \square = \square$

13 $7+7+7+7+7+7=\square$

➡ $\square \times \square = \square$

18 $6+6+6+6+6+6+6=\square$

➡ $\square \times \square = \square$

최우수상

참 잘했어요!

이름 _____

위 어린이는 쌍둥이 연산 노트 2학년 1학기 과정을
스스로 꾸준히 훌륭하게 마쳤습니다.

이에 칭찬하여 이 상장을 드립니다.

년   월   일

정답

초등 3단계 2·1
복습책

| 6쪽 | **01** 백, 몇백 알아보기 | Ⓐ |

1 600, 육백
2 300, 삼백
3 200, 이백
4 700, 칠백
5 500, 오백
6 100, 백
7 500, 오백
8 800, 팔백
9 400, 사백
10 600, 육백

7쪽

11 300
12 600
13 900
14 400
15 700
16 500
17 100
18 700
19 800
20 100
21 200
22 800
23 300
24 900

| 8쪽 | **02** 세 자리 수 알아보기 | Ⓐ |

1 502, 오백이
2 115, 백십오
3 778, 칠백칠십팔
4 699, 육백구십구
5 440, 사백사십
6 226, 이백이십육
7 879, 팔백칠십구

9쪽

8 598
9 140
10 881
11 337
12 305
13 9, 0, 5
14 2, 7, 3
15 3, 2, 9
16 7, 1, 2
17 1, 3, 0

| 10쪽 | **03** 세 자리 수의 자릿값 알아보기 | Ⓐ |

1 1, 7, 2 /
  100, 70, 2
2 6, 1, 1 /
  600, 10, 1
3 4, 6, 4 /
  400, 60, 4
4 2, 6, 2 /
  200, 60, 2
5 7, 4, 5 /
  700, 40, 5
6 6, 3, 3 /
  600, 30, 3
7 3, 4, 0 /
  300, 40, 0
8 8, 6, 8 /
  800, 60, 8
9 9, 0, 4 /
  900, 0, 4
10 5, 8, 7 /
  500, 80, 7

11쪽

11 238
12 418
13 475
14 328
15 993
16 339
17 846
18 216
19 521
20 688
21 543
22 159
23 789
24 655

| 12쪽 | **04** 뛰어 세기 | Ⓐ |

1 229, 239, 249, 259
2 386, 686, 786, 886
3 677, 777, 877, 977
4 624, 644, 654, 674
5 651, 652, 655, 658
6 259, 559, 759, 959

13쪽

7 547, 557
8 317, 337
9 742, 746
10 829, 839
11 234, 236
12 728, 758
13 295, 595
14 854, 855
15 992, 995
16 214, 514
17 833, 834
18 257, 297
19 524, 526
20 177, 179

❶ 8, 6, 3 / 5, 4, 1 / >
❷ 6, 3, 9 / 1, 4, 1 / >
❸ 4, 5, 2 / 2, 2, 8 / >
❹ 4, 3, 9 / 7, 4, 1 / <
❺ 6, 4, 1 / 9, 5, 2 / <
❻ 9, 6, 3 / 5, 8, 5 / >
❼ 7, 1, 7 / 3, 2, 8 / >
❽ 8, 1, 7 / 9, 8, 5 / <

15쪽

❾ >
❿ >
⓫ >
⓬ >
⓭ >
⓮ <
⓯ <
⓰ <
⓱ >
⓲ >
⓳ <
⓴ <
㉑ >
㉒ >
㉓ <
㉔ <
㉕ <
㉖ <
㉗ <
㉘ >
㉙ <

❶ 2, 8, 5 / 2, 0, 9 / >
❷ 1, 4, 1 / 1, 1, 7 / >
❸ 5, 4, 1 / 5, 7, 4 / <
❹ 6, 6, 3 / 6, 9, 6 / <
❺ 7, 7, 4 / 7, 8, 5 / <
❻ 3, 2, 8 / 3, 8, 1 / <
❼ 2, 1, 7 / 2, 5, 2 / <
❽ 9, 7, 4 / 9, 3, 9 / >

17쪽

❾ <
❿ >
⓫ >
⓬ >
⓭ >
⓮ >
⓯ >
⓰ <
⓱ <
⓲ >
⓳ >
⓴ >
㉑ <
㉒ >
㉓ >
㉔ >
㉕ >
㉖ <
㉗ <
㉘ <
㉙ >

2. 덧셈

01 받아올림이 있는 (두 자리 수) + (한 자리 수) Ⓐ

18쪽

❶ 25	❻ 21	⓫ 83
❷ 45	❼ 32	⓬ 92
❸ 62	❽ 86	⓭ 26
❹ 31	❾ 72	⓮ 91
❺ 52	❿ 93	⓯ 32

19쪽

⓰ 82	㉑ 27	㉖ 44
⓱ 35	㉒ 66	㉗ 54
⓲ 73	㉓ 31	㉘ 91
⓳ 65	㉔ 85	㉙ 45
⓴ 22	㉕ 92	㉚ 26

02 받아올림이 있는 (두 자리 수) + (한 자리 수) Ⓑ

20쪽

❶ 73	❻ 51	⓫ 31
❷ 23	❼ 83	⓬ 63
❸ 52	❽ 43	⓭ 72
❹ 84	❾ 35	⓮ 23
❺ 32	❿ 91	⓯ 62

21쪽

⓰ 92	㉑ 61	㉖ 31
⓱ 24	㉒ 65	㉗ 43
⓲ 72	㉓ 85	㉘ 55
⓳ 97	㉔ 82	㉙ 28
⓴ 32	㉕ 93	㉚ 41

03 받아올림이 있는 (두 자리 수) + (한 자리 수) Ⓒ

22쪽

❶ 77	❽ 56	⓯ 63
❷ 33	❾ 22	⓰ 26
❸ 41	❿ 50	⓱ 92
❹ 61	⓫ 83	⓲ 32
❺ 24	⓬ 96	⓳ 46
❻ 54	⓭ 84	⓴ 61
❼ 97	⓮ 24	㉑ 74

23쪽

㉒ 95	㉙ 64	㊱ 34
㉓ 21	㉚ 43	㊲ 53
㉔ 91	㉛ 47	㊳ 64
㉕ 33	㉜ 21	㊴ 73
㉖ 77	㉝ 52	㊵ 22
㉗ 24	㉞ 52	㊶ 67
㉘ 55	㉟ 42	㊷ 91

04 일의 자리에서 받아올림이 있는 (두 자리 수) + (두 자리 수) Ⓐ

24쪽

❶ 93	❻ 61	⓫ 92
❷ 34	❼ 71	⓬ 82
❸ 71	❽ 91	⓭ 82
❹ 86	❾ 81	⓮ 82
❺ 91	❿ 71	⓯ 72

25쪽

⓰ 91	㉑ 81	㉖ 84
⓱ 42	㉒ 74	㉗ 97
⓲ 93	㉓ 31	㉘ 91
⓳ 94	㉔ 55	㉙ 92
⓴ 91	㉕ 72	㉚ 76

05 일의 자리에서 받아올림이 있는 (두 자리 수) + (두 자리 수) Ⓑ

❶ 91	❻ 82	⓫ 76
❷ 96	❼ 91	⓬ 62
❸ 94	❽ 96	⓭ 57
❹ 81	❾ 73	⓮ 71
❺ 46	❿ 91	⓯ 94

27쪽

⓰ 72	㉑ 81	㉖ 71
⓱ 51	㉒ 41	㉗ 53
⓲ 73	㉓ 81	㉘ 64
⓳ 76	㉔ 82	㉙ 85
⓴ 51	㉕ 96	㉚ 95

28쪽
06 일의 자리에서 받아올림이 있는 (두 자리 수) + (두 자리 수) Ⓒ

❶ 84	❽ 83	⓯ 73
❷ 82	❾ 81	⓰ 62
❸ 60	❿ 83	⓱ 71
❹ 93	⓫ 92	⓲ 54
❺ 66	⓬ 92	⓳ 96
❻ 91	⓭ 63	⓴ 92
❼ 56	⓮ 91	㉑ 90

29쪽

㉒ 90	㉙ 81	㊱ 61
㉓ 57	㉚ 84	㊲ 51
㉔ 61	㉛ 97	㊳ 65
㉕ 54	㉜ 91	㊴ 64
㉖ 92	㉝ 43	㊵ 93
㉗ 70	㉞ 76	㊶ 92
㉘ 43	㉟ 75	㊷ 94

30쪽
07 십의 자리에서 받아올림이 있는 (두 자리 수) + (두 자리 수) Ⓐ

❶ 106	❻ 126	⓫ 139
❷ 124	❼ 104	⓬ 138
❸ 115	❽ 127	⓭ 105
❹ 113	❾ 136	⓮ 129
❺ 135	❿ 102	⓯ 167

31쪽

⓰ 129	㉑ 113	㉖ 158
⓱ 118	㉒ 109	㉗ 148
⓲ 148	㉓ 126	㉘ 102
⓳ 126	㉔ 106	㉙ 186
⓴ 118	㉕ 117	㉚ 107

32쪽
08 십의 자리에서 받아올림이 있는 (두 자리 수) + (두 자리 수) Ⓑ

❶ 114	❻ 164	⓫ 102
❷ 118	❼ 164	⓬ 106
❸ 147	❽ 157	⓭ 139
❹ 139	❾ 113	⓮ 119
❺ 189	❿ 158	⓯ 147

33쪽

⓰ 107	㉑ 107	㉖ 117
⓱ 136	㉒ 109	㉗ 105
⓲ 138	㉓ 177	㉘ 139
⓳ 108	㉔ 128	㉙ 116
⓴ 129	㉕ 169	㉚ 128

09 십의 자리에서 받아올림이 있는 (두 자리 수) + (두 자리 수) C
34쪽

① 104　　⑧ 129　　⑮ 159
② 107　　⑨ 109　　⑯ 149
③ 108　　⑩ 116　　⑰ 158
④ 118　　⑪ 169　　⑱ 109
⑤ 178　　⑫ 109　　⑲ 107
⑥ 119　　⑬ 127　　⑳ 139
⑦ 159　　⑭ 118　　㉑ 139

35쪽

㉒ 158　　㉙ 118　　㊱ 108
㉓ 128　　㉚ 108　　㊲ 119
㉔ 148　　㉛ 108　　㊳ 157
㉕ 188　　㉜ 118　　㊴ 119
㉖ 138　　㉝ 159　　㊵ 117
㉗ 107　　㉞ 127　　㊶ 149
㉘ 119　　㉟ 139　　㊷ 159

10 받아올림이 두 번 있는 (두 자리 수) + (두 자리 수) A
36쪽

① 111　　⑥ 110　　⑪ 120
② 111　　⑦ 151　　⑫ 121
③ 120　　⑧ 163　　⑬ 120
④ 160　　⑨ 122　　⑭ 171
⑤ 121　　⑩ 114　　⑮ 133

37쪽

⑯ 138　　㉑ 122　　㉖ 114
⑰ 122　　㉒ 125　　㉗ 160
⑱ 146　　㉓ 116　　㉘ 137
⑲ 122　　㉔ 162　　㉙ 137
⑳ 135　　㉕ 135　　㉚ 123

11 받아올림이 두 번 있는 (두 자리 수) + (두 자리 수) B
38쪽

① 141　　⑥ 121　　⑪ 171
② 141　　⑦ 111　　⑫ 165
③ 132　　⑧ 134　　⑬ 156
④ 121　　⑨ 117　　⑭ 122
⑤ 133　　⑩ 113　　⑮ 124

39쪽

⑯ 182　　㉑ 123　　㉖ 154
⑰ 151　　㉒ 122　　㉗ 142
⑱ 183　　㉓ 120　　㉘ 127
⑲ 164　　㉔ 111　　㉙ 141
⑳ 122　　㉕ 126　　㉚ 111

12 받아올림이 두 번 있는 (두 자리 수) + (두 자리 수) C
40쪽

① 111　　⑧ 111　　⑮ 122
② 120　　⑨ 120　　⑯ 114
③ 125　　⑩ 147　　⑰ 152
④ 114　　⑪ 167　　⑱ 121
⑤ 111　　⑫ 158　　⑲ 182
⑥ 112　　⑬ 121　　⑳ 131
⑦ 111　　⑭ 133　　㉑ 141

41쪽

㉒ 111　　㉙ 143　　㊱ 147
㉓ 124　　㉚ 152　　㊲ 112
㉔ 147　　㉛ 171　　㊳ 126
㉕ 172　　㉜ 181　　㊴ 112
㉖ 121　　㉝ 111　　㊵ 114
㉗ 131　　㉞ 155　　㊶ 111
㉘ 121　　㉟ 144　　㊷ 122

13 여러 가지 방법으로 덧셈하기

❶ 5, 7, 12, 42
❷ 6, 7, 13, 63
❸ 5, 6, 11, 61
❹ 5, 9, 14, 84
❺ 8, 6, 14, 64
❻ 5, 7, 12, 72
❼ 5, 9, 14, 94
❽ 5, 7, 12, 72
❾ 7, 7, 14, 74
❿ 4, 8, 12, 92

⓫ 10, 50, 60, 75
⓬ 40, 10, 50, 65
⓭ 30, 40, 70, 83
⓮ 30, 20, 50, 64
⓯ 50, 20, 70, 82
⓰ 20, 60, 80, 92
⓱ 60, 10, 70, 82
⓲ 30, 50, 80, 93
⓳ 70, 10, 80, 93
⓴ 10, 70, 80, 91

14 여러 가지 방법으로 덧셈하기 **B**

❶ 30, 64, 71
❷ 20, 45, 53
❸ 40, 87, 91
❹ 20, 76, 83
❺ 10, 39, 45
❻ 30, 76, 83
❼ 20, 85, 94
❽ 10, 85, 93
❾ 70, 88, 91
❿ 20, 87, 91

⓫ 9, 9, 82
⓬ 6, 6, 90
⓭ 8, 8, 77
⓮ 8, 8, 60
⓯ 8, 8, 80
⓰ 7, 7, 94
⓱ 5, 5, 72
⓲ 9, 9, 41
⓳ 6, 6, 92
⓴ 3, 3, 82

15 여러 가지 방법으로 덧셈하기 **C**

❶ 4, 4, 83
❷ 2, 2, 91
❸ 4, 4, 94
❹ 2, 2, 54
❺ 1, 1, 97
❻ 1, 1, 95
❼ 5, 5, 92
❽ 7, 7, 71
❾ 2, 2, 61
❿ 4, 4, 81

⓫ 20, 89, 87
⓬ 20, 49, 42
⓭ 40, 97, 92
⓮ 30, 78, 73
⓯ 40, 89, 82
⓰ 20, 87, 84
⓱ 20, 96, 93
⓲ 30, 63, 62
⓳ 30, 99, 92
⓴ 20, 54, 53

16 세 수의 덧셈 **A**

(계산 순서대로)

❶ 22, 26, 26 /
22, 22, 26
❷ 51, 55, 55 /
51, 51, 55
❸ 63, 67, 67 /
63, 63, 67
❹ 43, 48, 48 /
43, 43, 48
❺ 23, 27, 27 /
23, 23, 27
❻ 42, 45, 45 /
42, 42, 45
❼ 33, 39, 39 /
33, 33, 39
❽ 71, 76, 76 /
71, 71, 76
❾ 93, 95, 95 /
93, 93, 95
❿ 81, 86, 86 /
81, 81, 86

⓫ 33, 36, 36 /
33, 33, 36
⓬ 82, 85, 85 /
82, 82, 85
⓭ 56, 62, 62 /
56, 56, 62
⓮ 61, 64, 64 /
61, 61, 64
⓯ 55, 60, 60 /
55, 55, 60
⓰ 74, 78, 78 /
74, 74, 78
⓱ 23, 28, 28 /
23, 23, 28
⓲ 91, 95, 95 /
91, 91, 95
⓳ 42, 46, 46 /
42, 42, 46
⓴ 36, 39, 39 /
36, 36, 39

01 받아내림이 있는 (두 자리 수) − (한 자리 수) Ⓐ

50쪽

① 36
② 57
③ 86
④ 19
⑤ 75
⑥ 68
⑦ 23
⑧ 43
⑨ 55
⑩ 65
⑪ 18
⑫ 69
⑬ 83
⑭ 37
⑮ 46

51쪽

⑯ 65
⑰ 28
⑱ 46
⑲ 85
⑳ 29
㉑ 19
㉒ 76
㉓ 37
㉔ 16
㉕ 59
㉖ 48
㉗ 37
㉘ 83
㉙ 52
㉚ 28

02 받아내림이 있는 (두 자리 수) − (한 자리 수) Ⓑ

52쪽

① 47
② 39
③ 38
④ 88
⑤ 29
⑥ 15
⑦ 54
⑧ 79
⑨ 47
⑩ 67
⑪ 8
⑫ 66
⑬ 29
⑭ 83
⑮ 47

53쪽

⑯ 79
⑰ 27
⑱ 59
⑲ 38
⑳ 69
㉑ 58
㉒ 88
㉓ 17
㉔ 48
㉕ 66
㉖ 39
㉗ 78
㉘ 84
㉙ 55
㉚ 15

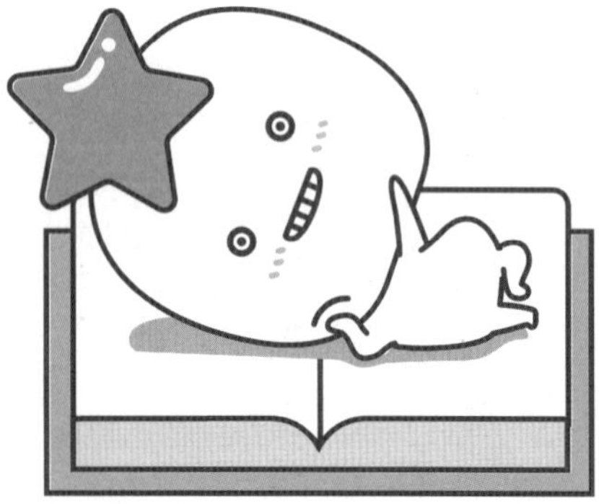

03 받아내림이 있는 (두 자리 수) − (한 자리 수) Ⓒ

54쪽

① 11, 6, 36
② 11, 3, 53
③ 12, 6, 66
④ 11, 3, 73
⑤ 12, 5, 45
⑥ 11, 8, 48
⑦ 12, 7, 27
⑧ 16, 7, 37
⑨ 12, 4, 84
⑩ 16, 9, 89

55쪽

⑪ 64
⑫ 19
⑬ 84
⑭ 38
⑮ 47
⑯ 26
⑰ 58
⑱ 49
⑲ 58
⑳ 28
㉑ 75
㉒ 89
㉓ 78
㉔ 15
㉕ 7
㉖ 27
㉗ 17
㉘ 48
㉙ 68
㉚ 26
㉛ 88

04 받아내림이 있는 (몇십) − (몇십몇) Ⓐ

56쪽

① 11
② 35
③ 26
④ 65
⑤ 24
⑥ 29
⑦ 29
⑧ 23
⑨ 18
⑩ 43
⑪ 66
⑫ 57
⑬ 43
⑭ 11
⑮ 18

57쪽

⑯ 46
⑰ 23
⑱ 64
⑲ 14
⑳ 44
㉑ 14
㉒ 77
㉓ 23
㉔ 37
㉕ 31
㉖ 47
㉗ 37
㉘ 22
㉙ 22
㉚ 42

05 받아내림이 있는 (몇십) − (몇십몇) B

58쪽

❶ 19	❻ 29	⓫ 76
❷ 19	❼ 42	⓬ 38
❸ 52	❽ 34	⓭ 38
❹ 38	❾ 49	⓮ 42
❺ 27	❿ 13	⓯ 15

59쪽

⓰ 21	㉑ 56	㉖ 13
⓱ 58	㉒ 15	㉗ 27
⓲ 19	㉓ 41	㉘ 32
⓳ 25	㉔ 48	㉙ 31
⓴ 24	㉕ 16	㉚ 61

06 받아내림이 있는 (몇십) − (몇십몇) C

60쪽

❶ 10, 8, 50, 2, 52	❻ 10, 9, 40, 1, 41
❷ 10, 3, 10, 7, 17	❼ 10, 5, 40, 5, 45
❸ 10, 6, 50, 4, 54	❽ 10, 4, 20, 6, 26
❹ 10, 6, 30, 4, 34	❾ 10, 1, 70, 9, 79
❺ 10, 5, 10, 5, 15	❿ 10, 1, 10, 9, 19

61쪽

⓫ 21	⓲ 45	㉕ 39
⓬ 12	⓳ 39	㉖ 33
⓭ 16	⓴ 13	㉗ 67
⓮ 29	㉑ 36	㉘ 34
⓯ 67	㉒ 41	㉙ 42
⓰ 37	㉓ 34	㉚ 27
⓱ 19	㉔ 23	㉛ 49

07 받아내림이 있는 (두 자리 수) − (두 자리 수) A

62쪽

❶ 29	❻ 18	⓫ 35
❷ 19	❼ 27	⓬ 27
❸ 13	❽ 25	⓭ 65
❹ 35	❾ 25	⓮ 16
❺ 28	❿ 38	⓯ 79

63쪽

⓰ 29	㉑ 17	㉖ 39
⓱ 57	㉒ 18	㉗ 49
⓲ 17	㉓ 37	㉘ 25
⓳ 28	㉔ 16	㉙ 69
⓴ 19	㉕ 14	㉚ 19

08 받아내림이 있는 (두 자리 수) − (두 자리 수) B

64쪽

❶ 27	❻ 57	⓫ 29
❷ 29	❼ 25	⓬ 24
❸ 15	❽ 55	⓭ 44
❹ 16	❾ 28	⓮ 38
❺ 58	❿ 18	⓯ 59

65쪽

⓰ 69	㉑ 19	㉖ 27
⓱ 34	㉒ 16	㉗ 16
⓲ 23	㉓ 19	㉘ 24
⓳ 27	㉔ 46	㉙ 23
⓴ 17	㉕ 17	㉚ 29

09 받아내림이 있는 (두 자리 수) − (두 자리 수) C

❶ 15, 6, 40, 9, 49
❷ 13, 6, 10, 7, 17
❸ 11, 3, 60, 8, 68
❹ 11, 7, 10, 4, 14
❺ 16, 9, 10, 7, 17
❻ 12, 5, 20, 7, 27
❼ 15, 7, 10, 8, 18
❽ 11, 2, 40, 9, 49
❾ 13, 8, 10, 5, 15
❿ 11, 5, 20, 6, 26

⓫ 48
⓬ 17
⓭ 18
⓮ 28
⓯ 28
⓰ 14
⓱ 14
⓲ 24
⓳ 39
⓴ 34
㉑ 59
㉒ 38
㉓ 36
㉔ 15
㉕ 57
㉖ 38
㉗ 15
㉘ 47
㉙ 17
㉚ 38
㉛ 47

10 여러 가지 방법으로 뺄셈하기 A

❶ 1, 8, 1, 8, 71, 8, 63
❷ 5, 6, 5, 6, 25, 6, 19
❸ 2, 6, 2, 6, 22, 6, 16
❹ 1, 8, 1, 8, 51, 8, 43
❺ 2, 4, 2, 4, 62, 4, 58
❻ 1, 2, 1, 2, 21, 2, 19
❼ 2, 8, 2, 8, 42, 8, 34
❽ 5, 7, 5, 7, 25, 7, 18
❾ 1, 4, 1, 4, 21, 4, 17
❿ 2, 5, 2, 5, 32, 5, 27

⓫ 70, 40, 30, 34, 7, 27
⓬ 40, 20, 20, 21, 9, 12
⓭ 40, 10, 30, 31, 4, 27
⓮ 90, 50, 40, 44, 9, 35
⓯ 60, 40, 20, 21, 9, 12
⓰ 50, 30, 20, 23, 9, 14
⓱ 30, 10, 20, 21, 9, 12
⓲ 60, 10, 50, 51, 6, 45
⓳ 80, 10, 70, 74, 8, 66
⓴ 70, 40, 30, 32, 8, 24

11 여러 가지 방법으로 뺄셈하기 B

❶ 4, 4, 25
❷ 3, 3, 15
❸ 2, 2, 48
❹ 4, 4, 16
❺ 5, 5, 26
❻ 1, 1, 17
❼ 5, 5, 79
❽ 2, 2, 28
❾ 4, 4, 35
❿ 5, 5, 28

⓫ 50, 12, 16
⓬ 50, 33, 39
⓭ 20, 11, 16
⓮ 30, 21, 25
⓯ 20, 52, 57
⓰ 50, 43, 47
⓱ 30, 13, 15
⓲ 40, 33, 37
⓳ 40, 57, 59
⓴ 40, 23, 26

12 여러 가지 방법으로 뺄셈하기 C

❶ 2, 2, 28
❷ 1, 1, 19
❸ 1, 1, 39
❹ 3, 3, 17
❺ 2, 2, 78
❻ 1, 1, 19
❼ 2, 2, 68
❽ 5, 5, 55
❾ 1, 1, 19
❿ 3, 3, 17

⓫ 21, 50, 48
⓬ 27, 20, 18
⓭ 21, 60, 52
⓮ 23, 20, 19
⓯ 31, 50, 47
⓰ 11, 20, 14
⓱ 62, 30, 25
⓲ 35, 20, 19
⓳ 63, 30, 25
⓴ 47, 20, 18

74쪽 13 덧셈과 뺄셈의 관계 Ⓐ

1 59, 7 / 7, 59
2 18, 3 / 3, 18
3 45, 7 / 7, 45
4 26, 6 / 6, 26
5 86, 6 / 6, 86
6 56, 6 / 6, 56
7 64, 7 / 7, 64
8 38, 4 / 4, 38
9 75, 6 / 6, 75
10 23, 9 / 9, 23

75쪽

11 15, 7 / 7, 15
12 68, 4 / 4, 68
13 88, 8 / 8, 88
14 19, 6 / 6, 19
15 78, 9 / 9, 78
16 28, 9 / 9, 28
17 68, 8 / 8, 68
18 38, 7 / 7, 38
19 48, 8 / 8, 48
20 59, 4 / 4, 59

76쪽 14 덧셈과 뺄셈의 관계 Ⓑ

1 45, 51 / 6, 51
2 79, 82 / 3, 82
3 67, 72 / 5, 72
4 33, 41 / 8, 41
5 19, 22 / 3, 22
6 27, 31 / 4, 31
7 57, 61 / 4, 61
8 36, 41 / 5, 41
9 85, 92 / 7, 92
10 46, 54 / 8, 54

77쪽

11 39, 45 / 6, 45
12 49, 52 / 3, 52
13 69, 77 / 8, 77
14 28, 36 / 8, 36
15 47, 53 / 6, 53
16 83, 92 / 9, 92
17 79, 86 / 7, 86
18 16, 24 / 8, 24
19 24, 31 / 7, 31
20 58, 67 / 9, 67

78쪽 15 뺄셈식에서 □의 값 구하기 Ⓐ

1 85, 85
2 74, 74
3 57, 57
4 85, 85
5 61, 61
6 48, 48
7 93, 93
8 29, 29
9 40, 40
10 61, 61

79쪽

11 94, 94
12 33, 33
13 82, 82
14 23, 23
15 59, 59
16 69, 69
17 54, 54
18 41, 41
19 43, 43
20 74, 74

80쪽 16 세 수의 뺄셈 Ⓐ

(계산 순서대로)

1 14, 13, 13 /
14, 14, 13
2 65, 62, 62 /
65, 65, 62
3 46, 43, 43 /
46, 46, 43
4 39, 32, 32 /
39, 39, 32
5 87, 81, 81 /
87, 87, 81
6 55, 51, 51 /
55, 55, 51
7 28, 24, 24 /
28, 28, 24
8 44, 41, 41 /
44, 44, 41
9 17, 12, 12 /
17, 17, 12
10 74, 72, 72 /
74, 74, 72

81쪽

11 86, 83, 83 /
86, 86, 83
12 78, 75, 75 /
78, 78, 75
13 69, 61, 61 /
69, 69, 61
14 29, 22, 22 /
29, 29, 22
15 76, 73, 73 /
76, 76, 73
16 57, 52, 52 /
57, 57, 52
17 38, 35, 35 /
38, 38, 35
18 19, 14, 14 /
19, 19, 14
19 57, 53, 53 /
57, 57, 53
20 48, 42, 42 /
48, 48, 42

82쪽 17 세 수의 덧셈과 뺄셈 Ⓐ

(계산 순서대로)

❶ 63, 61, 61   ❻ 66, 58, 58

❷ 52, 46, 46   ❼ 81, 77, 77

❸ 52, 48, 48   ❽ 71, 69, 69

❹ 61, 54, 54   ❾ 83, 79, 79

❺ 91, 85, 85   ❿ 32, 26, 26

83쪽

⑪ 33, 37, 37   ⑯ 17, 22, 22

⑫ 35, 39, 39   ⑰ 37, 43, 43

⑬ 28, 35, 35   ⑱ 39, 47, 47

⑭ 19, 21, 21   ⑲ 28, 35, 35

⑮ 48, 54, 54   ⑳ 37, 39, 39

4. 곱셈

84쪽 01 몇배인지 알아보기 Ⓐ

❶ 2, 5 / 2, 5
❷ 8, 1 / 8, 1
❸ 4, 4 / 4, 4
❹ 9, 2 / 9, 2
❺ 3, 3 / 3, 3
❻ 3, 1 / 3, 1
❼ 6, 4 / 6, 4
❽ 7, 2 / 7, 2

85쪽

❾ 4
❿ 40
⓫ 45
⓬ 45
⓭ 6
⓮ 56
⓯ 63
⓰ 72
⓱ 54
⓲ 24
⓳ 30
⓴ 36
㉑ 32
㉒ 64

86쪽 02 곱셈식으로 나타내기 Ⓐ

❶ 3, 3
❷ 7, 5
❸ 2, 5
❹ 6, 3
❺ 2, 4
❻ 4, 3
❼ 5, 3
❽ 3, 2
❾ 8, 3
❿ 9, 2

87쪽

⓫ 5, 9
⓬ 6, 6
⓭ 2, 8
⓮ 7, 2
⓯ 3, 8
⓰ 8, 6
⓱ 7, 7
⓲ 3, 9
⓳ 4, 5
⓴ 9, 6
㉑ 9, 3
㉒ 4, 7
㉓ 6, 9
㉔ 8, 9
㉕ 2, 6
㉖ 5, 2

88쪽 03 곱셈식으로 나타내기 Ⓑ

❶ 2, 2, 2, 6 /
   2, 3, 6
❷ 9, 9, 9, 27 /
   9, 3, 27
❸ 4, 4, 4, 12 /
   4, 3, 12
❹ 4, 4, 8 /
   4, 2, 8
❺ 5, 5, 10 /
   5, 2, 10
❻ 7, 7, 7, 21 /
   7, 3, 21
❼ 3, 3, 3, 3, 12 /
   3, 4, 12
❽ 8, 8, 16 /
   8, 2, 16

89쪽

❾ 8 / 2, 4, 8
❿ 15 / 3, 5, 15
⓫ 20 / 4, 5, 20
⓬ 18 / 9, 2, 18
⓭ 42 / 7, 6, 42
⓮ 9 / 3, 3, 9
⓯ 24 / 8, 3, 24
⓰ 36 / 9, 4, 36
⓱ 15 / 5, 3, 15
⓲ 42 / 6, 7, 42

MEMO

쌤과 맘이 만든

쌍둥이
연산노트

의 책이에요!

KC

제 품 명: 쌍둥이 연산노트
제조자명: 이젠교육
제조국명: 대한민국
제조년월: 판권에 별도 표기
사용학년: 8세 이상

※ KC마크는 이 제품이 공통안전기준에 적합하였음을 의미합니다.

값 9,500원

63410

9 791190 880534

ISBN 979-11-90880-53-4